# Principles and Applications of Analyzing a Citation Space

# 引文空间分析原理与应用

## CiteSpace实用指南

陈　悦　陈超美　胡志刚　王贤文 等/著

科 学 出 版 社
北　京

**图书在版编目(CIP)数据**

引文空间分析原理与应用：CiteSpace 实用指南/陈悦等著.
—北京：科学出版社，2014.9

ISBN 978-7-03-041752-7

I. ①引… II. ①陈… III. ①引文分析-图谱 IV. ①G353.1－64

中国版本图书馆 CIP 数据核字（2014）第 199975 号

责任编辑：邹　聪　王茜艳 / 责任校对：彭　涛
责任印制：李　彤 / 封面设计：无极书装
编辑部电话：010-64035853
E-mail：houjunlin@mail.sciencep.com

科学出版社 出版
北京东黄城根北街 16 号
邮政编码：100717
http://www.sciencep.com

北京虎彩文化传播有限公司 印刷
科学出版社发行　各地新华书店经销

*

2014 年 9 月第　一　版　开本：720×1000 1/16
2024 年 1 月第十次印刷　印张：10 3/4
字数：193 000

**定价：78.00 元**

# 目　录

# CiteSpace 的精美图谱

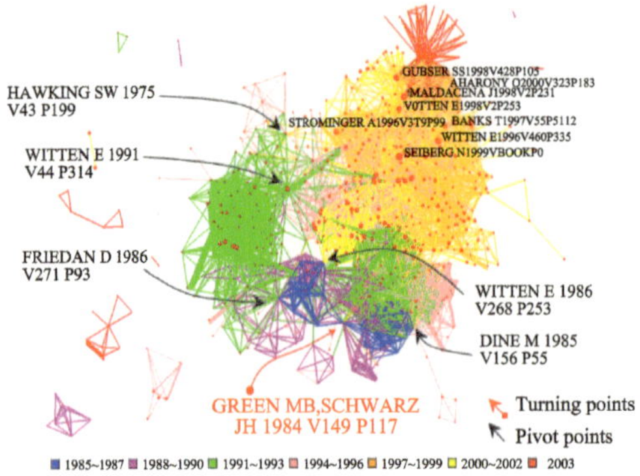


Chen C. CiteSpace Ⅱ: detecting and visualizing emerging trends and transient patterns in scientific literature. Journal of the American Society for Information Science and Technology, 2006, 57 (3): 359-377.

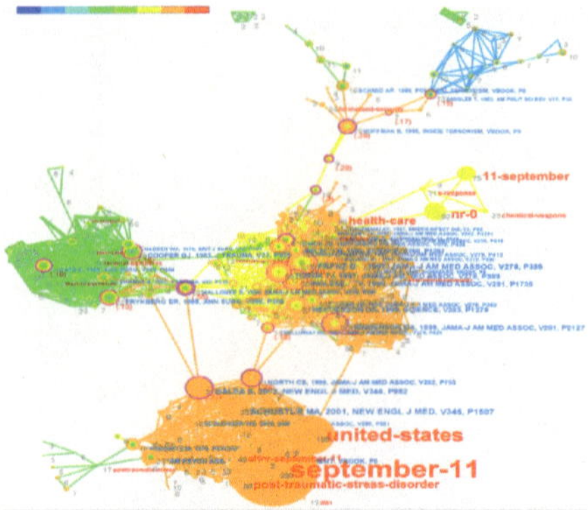


Chen C. Searching for intellectual turning points: progressive knowledge domain visualization. Proceedings of the National Academy of Sciences of the United States of America (PNAS), 2004, 101 (1): 5303-5310.

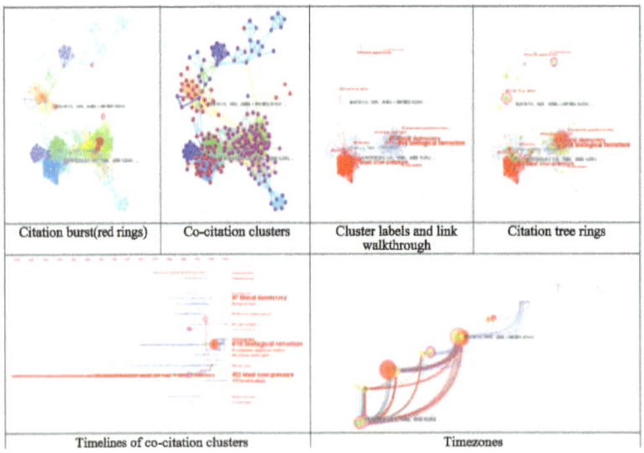


http: //cluster. ischool. drexel. edu/~cchen/citespace/gallery/gallery. pdf.

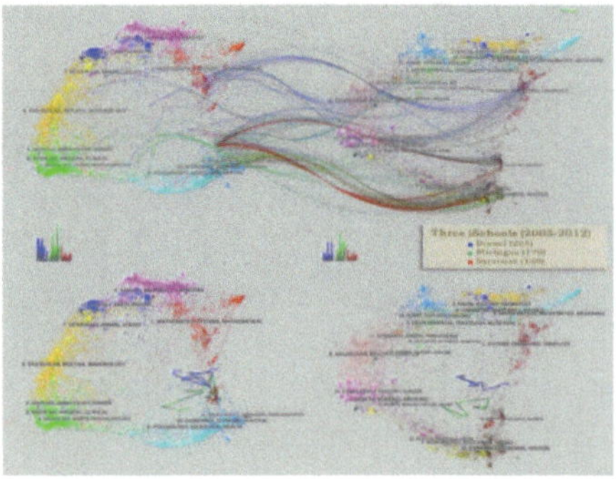

Chen C, Leydesdorff L. Patterns of connections and movements in dual-map overlays: a new method of publication portfolio analysis. Journal of the Association for Information Science and Technology , 2014, 65 (2): 334-351.

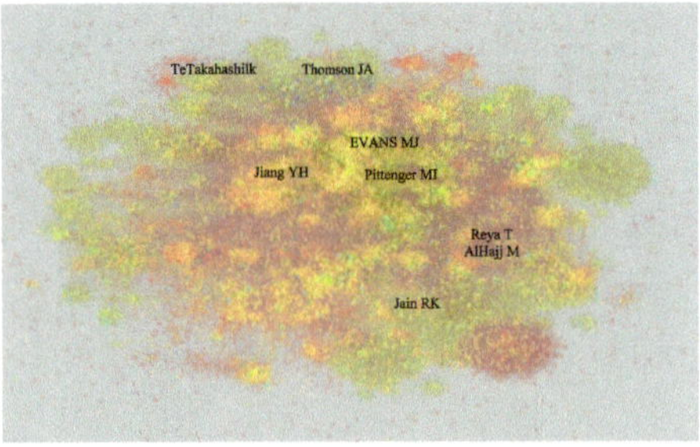


Chen C, Hu Z, Liu S, et al. Emerging trends in regenerative medicine: a scientometric analysis in CiteSpace. Expert Opinions on Biological Therapy, 2012, 12 (5): 593-608.

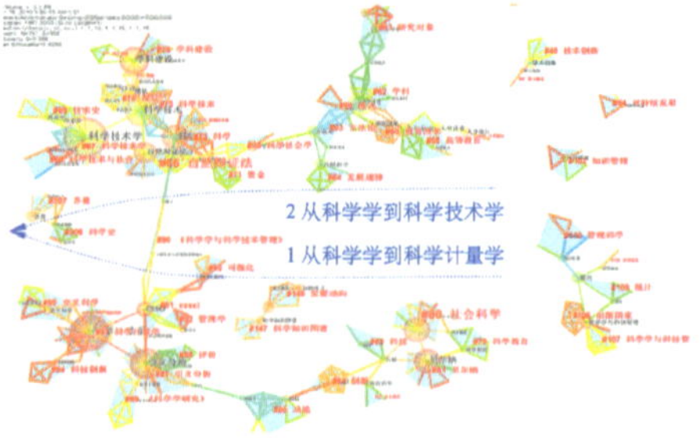


刘则渊，胡志刚，王贤文．30 年中国科学学历程的知识图谱展现．科学学与科学技术管理，2010，31 (5): 17-23.

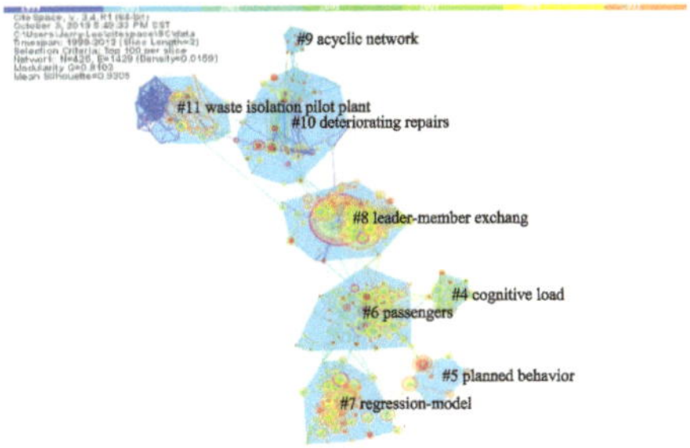


李杰．http：//blog. sciencenet. cn/blog-554179-729837. html.

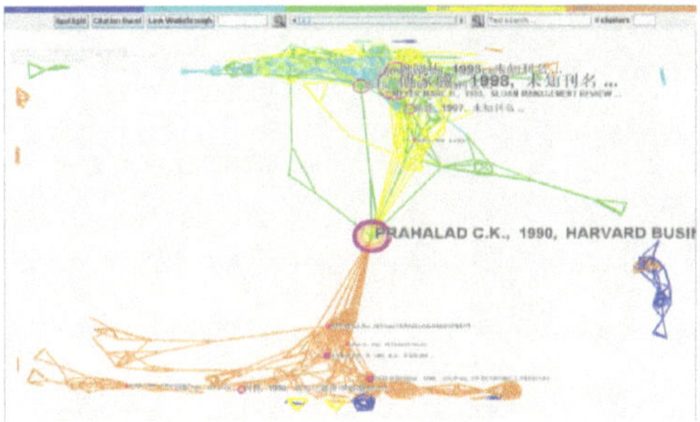


陈悦．中国创新管理论文的文献共被引可视化图谱（1998～2002）．

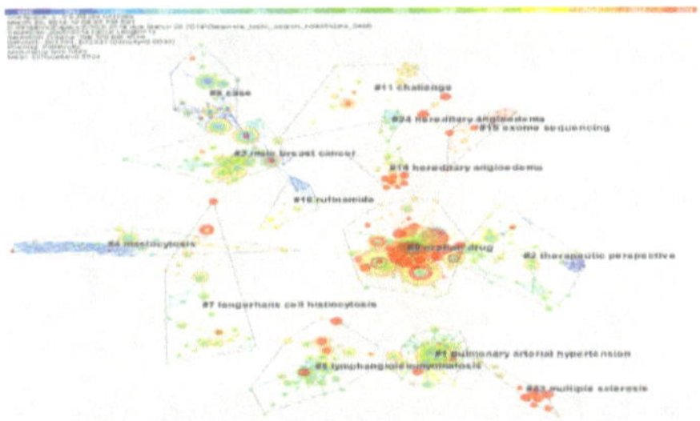

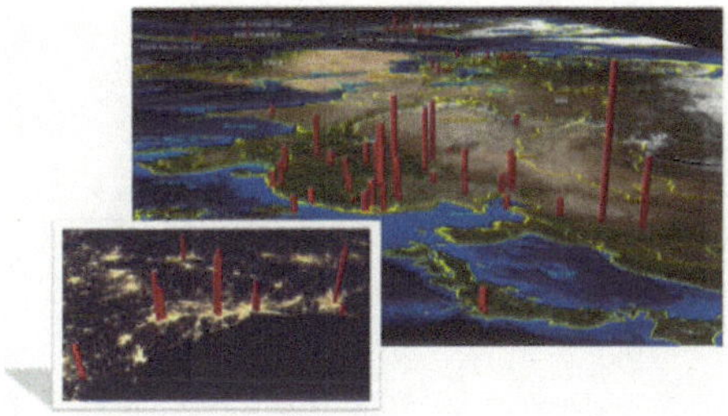

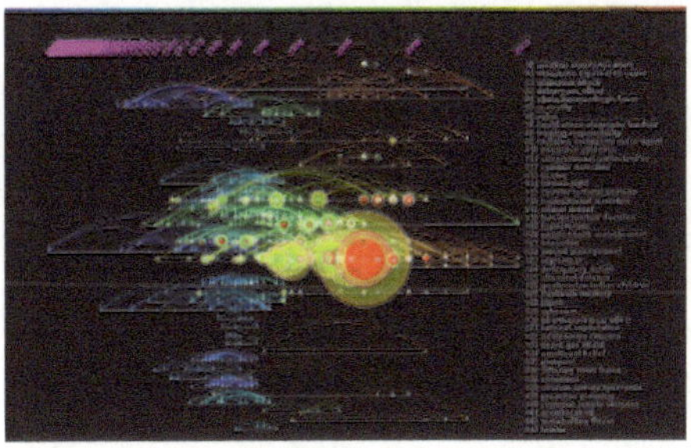

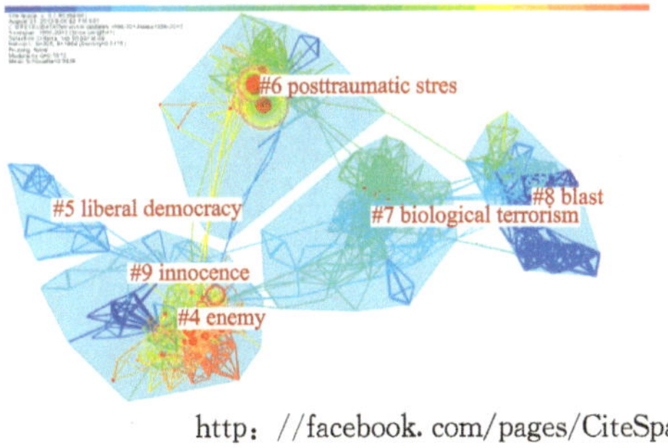


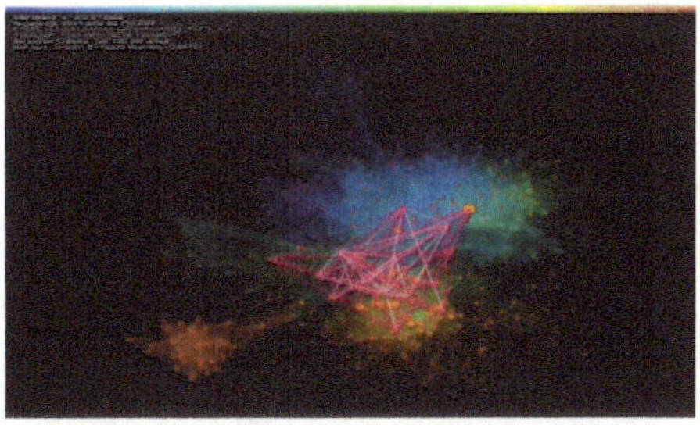

http：//facebook. com/pages/CiteSpace/276625072366558？ ref=prafile.

# 绪论　CiteSpace 的关注度

2004 年，在作者共被引分析（author cocited analysis，ACA）的发源地——美国德雷克塞尔大学信息科学与技术学院（现为 College of Computing and Informatics，Drexel University），陈超美（Chaomei Chen）基于引文分析理论将 ACA 应用范围进行了扩展，应用 Java 计算机编程语言开发了 Information Visualization - CiteSpace 信息可视化软件，这是近年来在信息分析中最具有特色和影响力的信息可视化软件。软件开发于 2004 年 9 月，其版本不断升级和更新，当前版本为 CiteSpace 3.8.R3（2014 年 5 月）。CiteSpace 软件被至少超过 60 个国家上万次启用（表 0-1），它已经成为科学计量学普遍采用的新工具。在大连理工大学 WISE 实验室的推广下，中国已成为最大的使用国，尤其是 2009 年由 WISE 实验室举办了首届全国培训班后，CiteSpace 在中国的使用范围迅速扩大，使用数量急剧增长。

**表 0-1　CiteSpace 网站访问情况（2008～2010 年）**

| 排名 | 2008 年 | | | 2009 年 | | | 2010 年 8～12 月 | | |
|---|---|---|---|---|---|---|---|---|---|
| | 国家/地区 | 访问量/次 | 占总访问量（7430 次）的百分比/% | 国家/地区 | 访问量/次 | 占总访问量（11 737 次）的百分比/% | 国家/地区 | 访问量/次 | 占总访问量（12 065 次）的百分比/% |
| 1 | 美国 | 2 403 | 32.34 | 中国内地 | 4 494 | **38.29** | 中国内地 | 7 323 | **60.70** |
| 2 | 中国内地 | 1 594 | **21.45** | 美国 | 2 583 | 22.01 | 美国 | 1 507 | 12.49 |
| 3 | 德国 | 519 | 6.99 | 德国 | 846 | 7.21 | 德国 | 679 | 5.63 |
| 4 | 西班牙 | 401 | 5.40 | 法国 | 383 | 3.26 | 法国 | 360 | 2.98 |
| 5 | 瑞典 | 255 | 3.43 | 意大利 | 311 | 2.65 | 意大利 | 236 | 1.96 |
| 6 | 英国 | 251 | 3.38 | 英国 | 291 | 2.48 | 英国 | 169 | 1.40 |
| 7 | 韩国 | 234 | 3.15 | 西班牙 | 286 | 2.44 | 西班牙 | 161 | 1.33 |
| 8 | 法国 | 228 | 3.07 | 巴西 | 279 | 2.38 | 巴西 | 143 | 1.19 |
| 9 | 加拿大 | 172 | 2.31 | 韩国 | 209 | 1.78 | 韩国 | 121 | 1.00 |
| 10 | 芬兰 | 165 | 2.22 | 中国台湾 | 198 | 1.69 | 中国台湾 | 101 | 0.84 |

绿点表示 1～10 个用户；黄点表示 10～100 个用户；红点表示 100～1000 个用户；大红点表示多于 1000 个用户。

陈超美致力于信息可视化的研究，在科学发现和科学知识图谱（mapping knowledge domains，MKD）领域获得了丰硕的成果，这些研究成果积淀成了今天的 CiteSpace，并产生了极其深远的影响（图 0-1）。

引用指数

| | 总计 | 2009 年至今 |
|---|---|---|
| 引用 | 8112 | 4301 |
| h 指数 | 39 | 29 |
| i10 指数 | 85 | 62 |

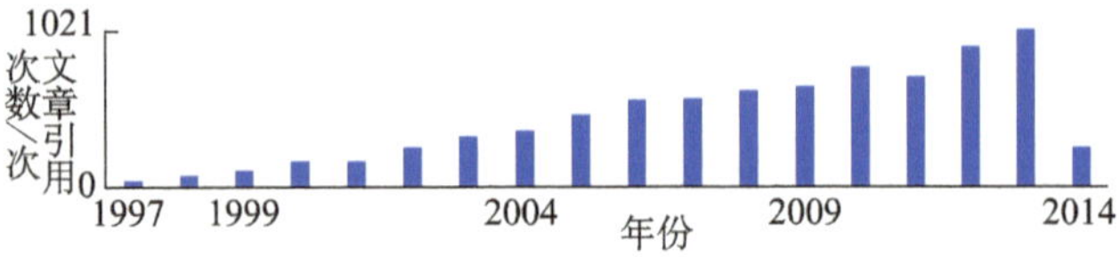


图 0-1　学术 Google 中体现的陈超美研究成果的影响力（2014-05-20）

关于CiteSpace的核心文献有以下7篇（其中一篇为中文译版），表0-2列出了这7篇文献在学术Google中的被引情况（2014-05-20），显示出学界对CiteSpace的关注持续增长：

A. Chen C. Mapping Scientific Frontiers [M]. London：Springer，2003.

B. Chen C. Searching for intellectual turning points：progressive knowledge domain visualization [J]. Proceedings of the National Academy of Sciences，2004，101（suppl 1）：5303-5310.

C. Chen C. Information Visualization：Beyond the Horizon [M]. Springer Science & Business，2006.

D. Chen C. CiteSpace Ⅱ：Detecting and visualizing emerging trends and transient patterns in scientific literature [J]. Journal of the American Society for information Science and Technology，2006，57（3）：359-377.

陈超美著，陈悦，侯剑华等译. CiteSpace Ⅱ：科学文献中新趋势与新动态的识别与可视化 [J]. 情报学报，2009（3）：401-421.

E. Chen C，Chen Y，Horowitz M，et al. Towards an explanatory and computational theory of scientific discovery [J]. Journal of Informetrics，2009，3（3）：191-209.

F. Chen C，Ibekwe-SanJuan F，Hou J. The structure and dynamics of cocitation clusters：a multiple-perspective cocitation analysis [J]. Journal of the American Society for Information Science and Technology，2010，61（7）：1386-1409.

**表0-2 CiteSpace核心文献的影响力**

| CiteSpace的核心文献 | 被引频次 | 主要内容 | 年度被引 |
|---|---|---|---|
| A. Chen C-2003 | 268 | 探索科学前沿的历史和哲学背景及先驱者的工作 | 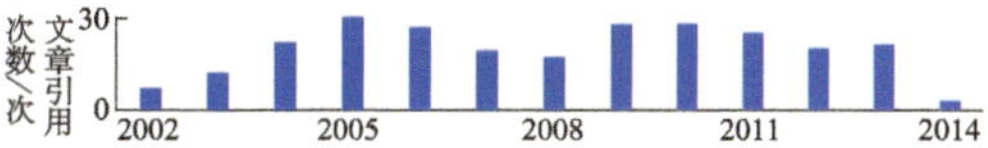 |
| B. Chen C-2004 | 395 | CiteSpace I | 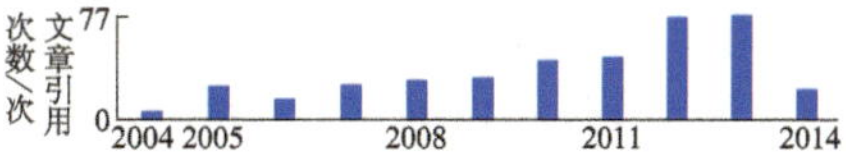 |
| C. Chen C-2006 | 397 | 信息可视化 | 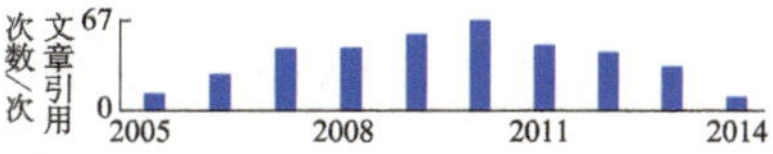 |

续表

| CiteSpace 的核心文献 | 被引频次 | 主要内容 | 年度被引 |
|---|---|---|---|
| D. Chen C-2006 | 807 | CiteSpace Ⅱ 2006 英文版 | 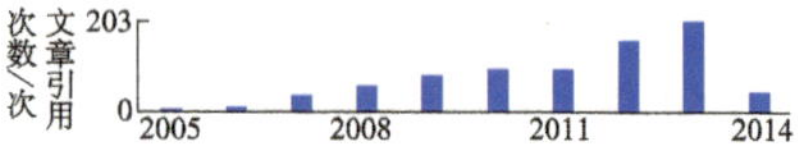 |
| 陈超美-2009 | 184 | CiteSpace 2009 中译版 | 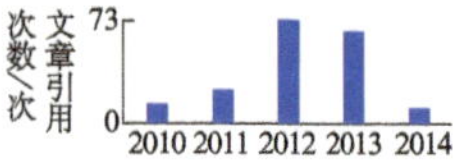 |
| E. Chen C-2009 | 104 | 科学发现的可解释性计算理论 | 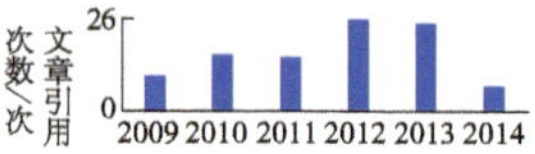 |
| F. Chen C-2010 | 157 | CiteSpace 的进一步扩展：自动标识聚类主题辅助图谱的可解读性 | 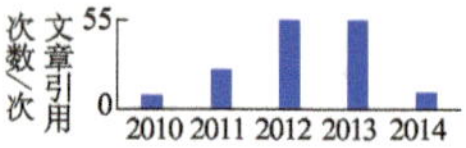 |

陈超美于 2010 年 10 月在科学网上建立了专门发布 CiteSpace 相关信息的个人网站（http：//blog. sciencenet. cn/home. php？ mod＝space&uid＝496649），截至 2014 年 5 月 20 日，他发表了 60 篇博文，拥有 434 位好友，活跃度为 110 150，已有 248 681 人来访过。

CiteSpace 在中国产生了极大的影响。大连理工大学分别在 2009 年 9 月、2010 年 4 月和 2013 年 8 月举办了 3 次关于“科学知识图谱原理、方法与应用”的培训班，培训人员合计 200 余人。中国图书馆学会、中国科学院文献情报中心、上海市科技情报学会等也举行过多次涉及 CiteSpace 使用的培训班。大连理工大学从 2012 年为全校的硕士研究生和博士研究生开设了“学术规范与写作”（16 学时）公共课，其中有 4 个学时用来讲解 CiteSpace 的基本操作和如何应用 CiteSpace 做文献综述。2012 年，CiteSpace 的爱好者们自发形成了第一个 QQ 群（261664017），并很快满员。该 QQ 群由大连理工大学刘盛博管理，他曾在德雷克塞尔大学在陈超美的指导下完成了博士生联合培养项目（2010～2012 年）。2012 年 11 月，CiteSpace 爱好者又自发创建了第二个 QQ 群（281555946），目前也已满员。两个群规模都是 500 人，目前共 1000 人。这两个 QQ 群的主要功能是 CiteSpace 使用交流，讨论使用 CiteSpace 软件时遇到的困惑，群中讨论无法解决的问题统一提交给陈超美帮助解决。群共享中定期整理群中讨论的 CiteSpace 常见问题及解决方案，为大家学习 CiteSpace 提供便利条件。

其他常用的科学知识图谱绘制软件工具包括 VOSviewer、Sci²、CoPalRed、IN-SPIRE、VanagePoint、Bibexel 等。VOSviewer（http：//www. vosviewer. com/download）是由荷兰莱顿大学的艾克（Nees Jan van Eck）博士和瓦尔特曼（Ludo Waltman）博士合作开发的一款可视化软件，它提供了 4 种可视化方案，即标签视图（Label View）、密度视图（Density View）、聚类密度视图（Cluster Density View）和散点视图（Scatter View）。图 0-2 是利用 VOSviewer 软件自带的数据绘制的期刊共被引密度视图。Sci²（https：//sci2. cns. iu. edu/user/index. php）是美国印第安纳大学布卢明顿分校图书馆与信息科学学院信息基础设施网络科学中心及信息可视化实验室开发的一个专门为科学学研究而设计的软件，它是一个模块化的工具集，支持对微观（个体）、中观（局部）及宏观（全局）三个层面的数据进行基本统计、时间、空间、主题和网络层面的分析以及可视化（图 0-3）。CoPalRed 是由西班牙格拉纳达大学的 EC 研究团队开发的商业软件，使用共词单元来分析文献，它包括结构分析、战略分析和动态分析三个方面（图 0-4）。IN-SPIRE（http：//in-spire. pnnl. gov）是由美国西北太平洋国家实验室开发的，它提供 Galaxies 星空分布和 ThemeScape 地貌图两种可视化图谱，也提供系列工具来发现隐藏的知识，如 Time Slicer（图 0-5）。美国搜索技术公司（Search Technology Inc.）开发的免费文本挖掘和可视化软件 VanagePoint（https：//www. thevantagepoint. com/login. html），可从大量的机构数据中发现模式和关系，快速确定知识内容（图 0-6）。Bibexel（http：//www8. umu. se/inforsk/Bibexcel）是由瑞典于莫奥大学的佩尔森（Olle Persson）教授开发的一款文献计量学软件。该软件可以对从 Web of Science（WoS）、Scopus 等数据库下载的文献题录数据进行处理，实现一些基础的文献计量学功能，如频次分布、共现分析等（图 0-7）。

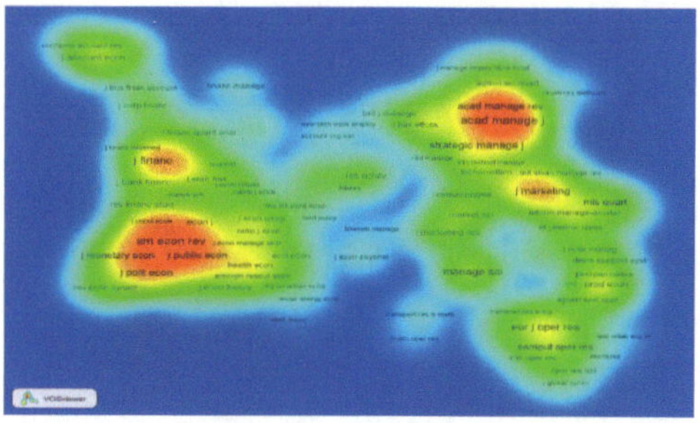

图 0-2　VOSviewer 软件的密度视图

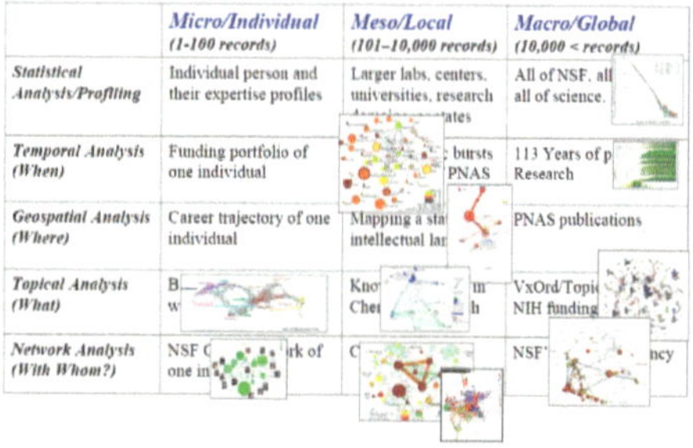


图 0-3　Sci² 软件的分析类型与研究层面的矩阵示意图

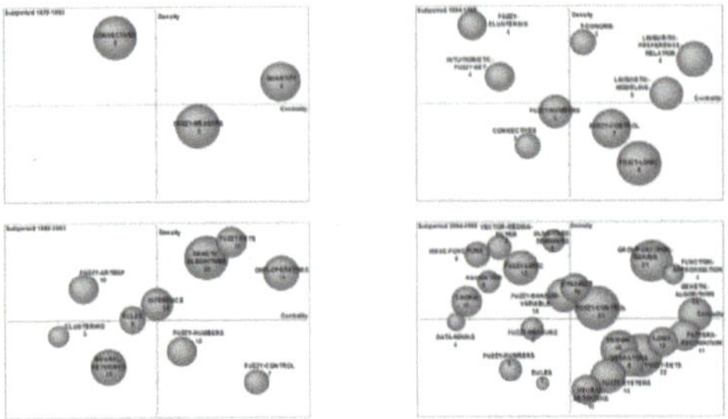

图 0-4 CoPalRed 的战略分析图①

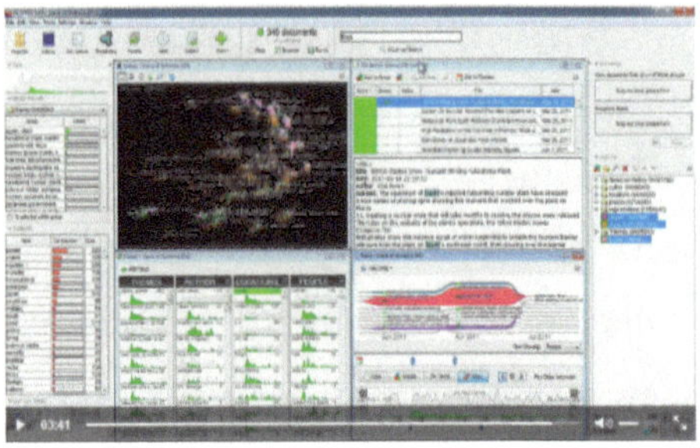

图 0-5 IN-SPIRE 的操作界面

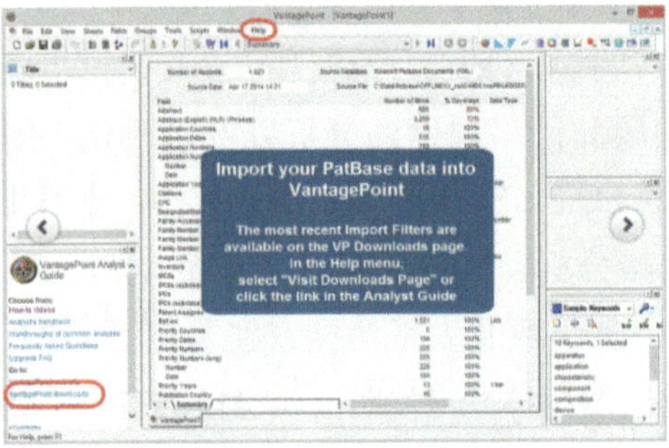


图 0-6 VanagePoint 的操作界面

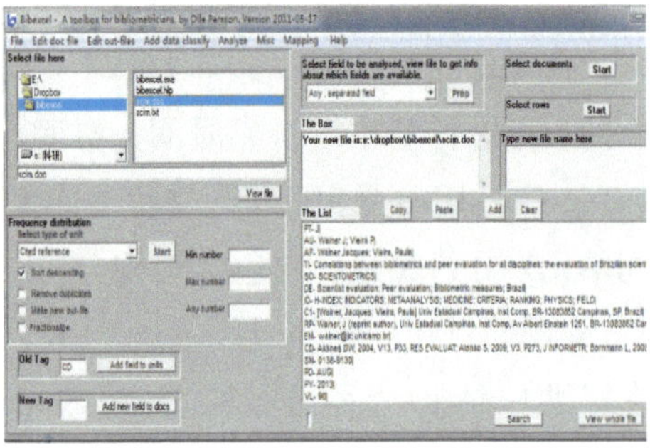

图 0-7 Bibexcel 的操作界面

① López-Herrera A G, Cobo M J, Herrera-Viedma E, et al. Visualization and evolution of the scientific structure of fuzzy sets research in Spain. Information Research, 2009, 14 (4): 421-443.

# 1 概　述

CiteSpace 是应用 Java 语言开发的一款信息可视化软件，它主要基于共引分析（cocitation analysis）理论和寻径网络算法（pathfinder network scaling，PF-NET）等，对特定领域文献（集合）进行计量，以探寻出学科领域演化的关键路径及知识转折点，并通过一系列可视化图谱的绘制来形成对学科演化潜在动力机制的分析和学科发展前沿的探测。该工具的设计基于“科学知识本身是不断变化的”这一基本假设，这就如同旧文献逐渐过时，新文献不断出现。所谓科学域（scientific domain），是指在聚类不同层次上可以自定义的任一边界范围，包括一个科学主题、一个研究领域或是一个学科。因此，这些知识域是由源于不同领域的科学文献样本数据源所表征的。

我们要探究的问题不是科学域或知识域是否会变动，而是要寻找哪些文献在何时对科学域或知识域的变化产生或有可能产生关键性的作用，具有这种关键性作用的文献被称作知识转折点（intellectual turning points），也就是说我们更关注于科学发展的创造性路径。基于各种施引文献正文文本及其参考文献而形成的网络所展现出来的知识结构，我们进一步假设，网络结构的变化会反映科学知识结构的变化。CiteSpace 就是要为探索和识别这种重要变化提供一种直观有效的工具。

CiteSpace 能够有效地帮助读者更好地理解所从事的研究领域，它既能够展示某个研究领域的整体状况，也能够突出显示那些在该领域发展历程中的一些特定重要文献。具体来说，CiteSpace 有助于回答以下问题：

- 在某个研究领域中，哪些文献是具有开创性和标志性的？
- 在某个研究领域的发展历程中，哪些文献起着关键作用？
- 哪些主题在整个研究领域中占据着主流地位？
- 不同的研究领域之间是如何相互关联的？
- 基于一定知识基础的研究前沿是如何发生演变的？

CiteSpace 对那些关注“科学革命”“科学争论”和“长期科学分歧”问题的科学技术史学和科学哲学研究人员而言，不仅提供了一个全新的研究视角，而且提供了一个有价值的科学研究工具。

## 1.1 设计理念

CiteSpace 的设计理念是“改变看世界的方式”。

在著名科学哲学家波普尔（K. R. Popper）的三个世界理论中，存在着物理世界（世界 1）、精神世界（世界 2）和客观知识世界（世界 3）。传统的看世界的方式，是通过人的视觉，即“世界 2”来认识“世界 1”，形成“世界 3”。在科学语境中，“世界 3”属于“一阶科学”[1]范畴。而 CiteSpace 的设计理念是要通过绘制科学知识图谱来认识“世界 1”。制作科学知识图谱是复杂的认识与思维过程，需要“觉悟”“感悟”，主要是“视觉顿悟”“视觉思维”，它属于对“世界 3”的加工，即“二阶科学”[2]范畴。“改变看世界的方式”，就是将原来认识“世界 1”的单一渠道“世界 2”打通到“世界 3”，从而为人们认识世界又提供一种方式（图 1-1），以利于科学的新发现。

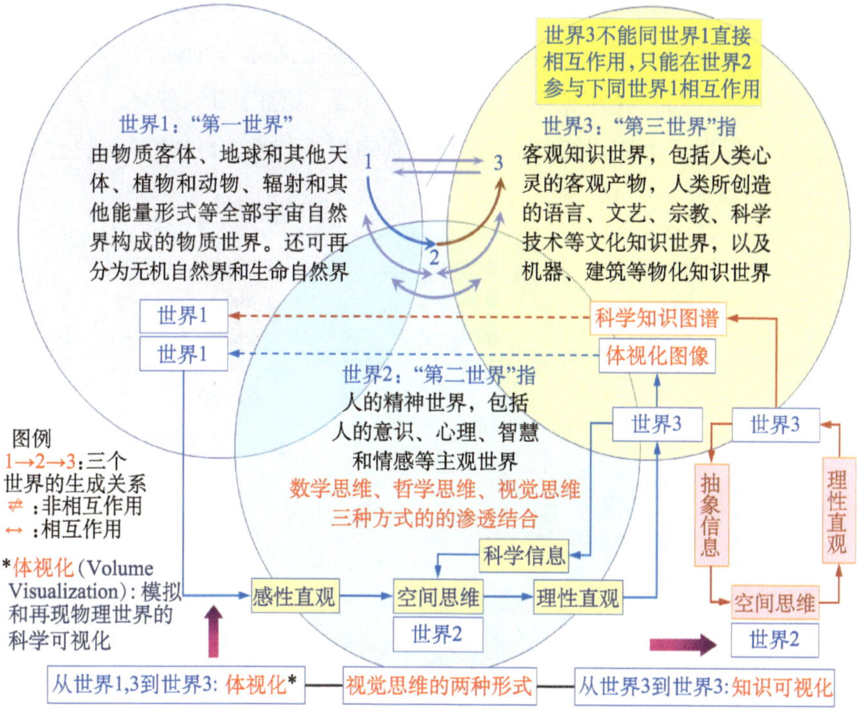


图 1-1 CiteSpace 看世界的方式——基于波普尔的三个世界理论

在这种以科学知识图谱的方式来认识世界的过程中，视觉思维、数学思维和哲学思维得以统一。首先，绘制出的图谱必须具有映射性、美观性和易读性，而品质优良的图谱要通过各种算法才得以实现，图谱的整体设计、算法选择及解读依赖的是哲学思维。法国数学家波尔达-笛西莫林（Bordas-Dcmoulin）曾说过，“没有数学，人们无法看透哲学的深度；没有哲学，人们也无法看透数学的深度；而若没有两者，人们就什么也看不透”。因而，不从科学哲学的角度去把握 CiteSpace，不理解其中各种算法的选择，就难以绘制出令人满意的图谱，更难以科学地解读图谱。

## 1.2 概念模型

基于“改变看世界的方式”这一设计理念，CiteSpace 创造性地将引证分析（历时性）和共引分析（结构性）方法综合起来，创建了从“知识基础”映射到“研究前沿”的理论模型（图 1-2），用时间切片抓拍（time-sliced snapshot）来显示研究领域的演变，即“如果我们把研究前沿定义为一个研究领域的发展状况（如研究思路），那么研究前沿的引文就形成了相应的知识基础。一个研究领域可以被概念化为一个从研究前沿 $\Psi(t)$ 到知识基础 $\Omega(t)$ 的时间映射 $\Phi(t)$，即 $\Phi(t): \Psi(t) \rightarrow \Omega(t)$”[3]。

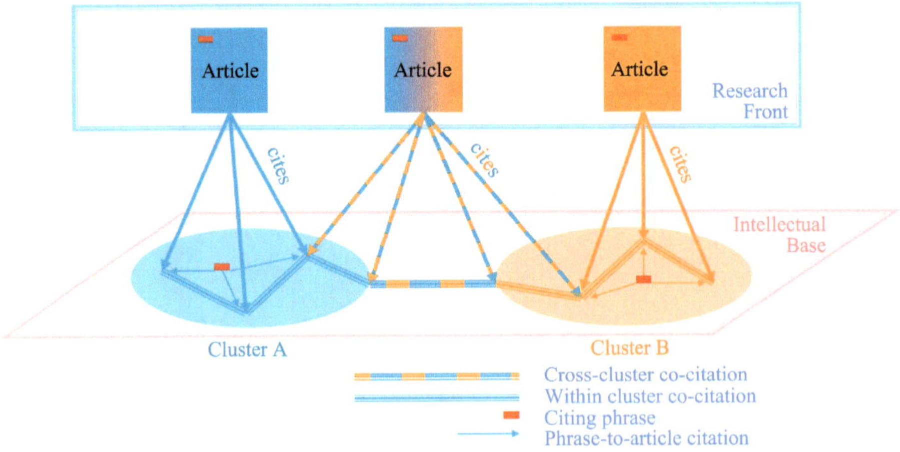


图 1-2 CiteSpace 的概念模型

CiteSpace的概念模型体现出其最直接的两个基础，一是科学计量学主流的引文分析图谱基本原理，这里的引文分析是融合了社会网络分析和复杂网络分析思想的引文网络分析，它构成了CiteSpace图谱的学科基本原理；二是以信息可视化和可视（视觉）分析为手段将抽象的引文网络变为直观的空间形式的图谱技术基础。也可以说，这二者是体现本书主标题的学科基础与技术基础。

### 1.2.1 基于引文分析的学科基础

自1955年加菲尔德（Eugene Garfield）发表论文《引文索引应用于科学》[4]，提出了用引文索引检索科技文献的方法，引文分析便逐渐成为科学计量学研究领域的重要研究方法，现已被国内外学者广泛应用于多个学科领域的研究，尤其在描述学科的演进发展方面取得了诸多卓有成效的结果。所谓引文分析，就是运用数学和计算机等方法与手段，分析文献之间引证和被引证的知识联系与知识网络，揭示文献之间知识流动规律的一种计量方法，知识流动是以知识单元为基本单位的流动。随着计算机的发展以及信息手段的日益先进，社会网络及复杂性网络的理论和方法逐渐被引入信息科学领域，引文分析也逐渐从分析知识流动过程拓展为分析知识元的关系，即派生出相关的共引分析、耦合分析等方法，引申出引文网络分析、知识图谱方法等。

知识流动过程的引用分析，即对集合起来的海量的引文所包含的知识流动过程的分析。它更关注文献是否被引证、什么时间被引证、引证的周期和峰值，以及被引的宽度，也就是知识是否流动、什么时间开始流动、流动量的大小以及流速的快慢、流动的方向等。共引分析的主旨是要通过同时被其他文献引用的频次来表达文献间的关系，即某两份文献同时被其他文献引用，其引用的频次越高，表明关系越密切，亦即意味着这两份文献的学科背景越相似。这种共引分析能帮助人们更好地理解和定量地揭示科学的结构、亲缘关系和演化规律。引用分析有助于屡清知识发展的脉络，共引分析有助于明晰知识结构，CiteSpace创造性地将这两种分析综合起来，融入了社会网络分析和复杂性网络分析的思想，展示了科学知识形成的宏观指标和微观指标。

### 1.2.2 基于信息可视化的技术基础

CiteSpace 就是要把大量的文献数据转换成可视化图谱，让人们对知识的理解更直接，并能发现那些隐埋在大量数据中的规律和让人不易察觉的事物，即绘制科学知识图谱。所谓知识图谱是以知识域为对象，显示科学知识的发展进程与结构关系的一种图形。[5]它具有“图”和“谱”的双重性质与特征：既是可视化的知识图形，又是序列化的知识谱系，显示了知识单元或知识群之间网络、结构、互动、交叉、演化或衍生等诸多隐含的复杂关系，而这些复杂的知识关系正孕育着新的知识的产生。科学知识图谱的概念源于 2003 年美国国家科学院组织的一次研讨会，随着信息可视化的发展，绘制科学知识图谱蓬勃发展[6]，CiteSpace 是其中应用最为广泛的信息可视化工具之一。

在基于引文的分析的学科基础和基于信息可视化的技术基础上，CiteSpace 形成了两个重要的基本概念，研究前沿和知识基础。

#### 1. 研究前沿

简单地说，研究前沿就是某个科学领域中科学文献的暂时性成分。它们还没有稳定，也许以后会成为经典的文献，也许会很长一段时间没有任何踪迹而蒸发了，我们还不能轻易地确定它们是否具有长期价值。

在 CiteSpace 中，一个学科的研究前沿表现为涌现的施引文献群组。它从两个方面来体现研究前沿的特征：描述观点的正文和引用的参考文献。具体来说，研究前沿是由形成文献共被引矩阵中的文献及其施引文献中使用的突显词或突显词的聚类来体现的。

#### 2. 知识基础

一个学科的知识基础是对应于研究前沿的所有前期文献集合。研究前沿和知识基础之间的关系本质上是对应的。换句话，不提及对方，它们任一方都无法充分地定义自我。例如，同一组文献很可能作为不同研究领域的知识基础。某个研究前沿可能将以前彼此不相干的文献集中在一起以形成自己的知识基础。除了一对一的对称图谱，从科学演进或科学革命的角度看，非对称的图谱似乎更有意义。

在 CiteSpace 中，这样的知识基础主要是根据文献共被引聚类来体现的。以往的文献共被引网络，只能让我们看到知识基础，而看不到隐含的研究前沿。而由 CiteSpace 生成的多视角共引网络将使读者直接地了解这种对应关系。

## 1.3 理论基础

包括 CiteSpace 在内的所有信息可视化工具都旨在改变人类看世界的方式，在科学图谱中，“看”包括“搜索”和“解读”两个步骤。如何“搜索”和“解读”才更有效率和效用呢？人们意料之中的信息实际上远不如意料之外的信息更有价值，因为后者意味着变化，很可能预示着新事物的出现。因而，寻找可视化图谱中那些不同寻常的点并分析这些不同寻常点之间的关联是非常重要的。

前面所述设计理念和概念模型，实际上阐述了 CiteSpace 图谱最直接的两个基础，一是基于引文分析的学科基础，二是基于信息可视化的技术基础。在 CiteSpace 的开发、应用并不断改进的过程中，它将一些基本观点和现象进行了概念化和可视化，并借鉴和吸收了基于普赖斯（Derek John de Solla Price）的科学前沿理论、社会网络分析的结构洞理论，以及科学传播的信息觅食理论。

### 1.3.1 库恩的科学发展模式理论

库恩（Thomas Sammual Kuhn）把科学发展看成科学革命的历史过程。科学在未形成统一范式之前处于前科学时期；范式形成之后，进入常规科学时期，人们在科学共同体中按范式解题，是范式积累期；发展到一定阶段，出现反常和危机，人们寻求新的范式取代旧范式，导致科学革命的发生；之后，迈进新范式下的新的常规科学期。因此，科学发展本质上是常规科学与科学革命、积累范式与变革范式的交替运动过程。这个模式得到科学界的普遍认同。库恩强调，科学革命是科学不可分割的一部分，科学就是通过这样的革命式变革向前发展的。

库恩范式理论描述和揭示的科学发展与科学革命的历史进程，同以引文分析为基础的 CiteSpace 科学知识图谱所展示的知识领域形成与演变历程在宏观结构上有着惊人的类似，显示出科学哲学的哲学思维方式与知识图谱的视觉思维方式有着内在的统一性。“前科学与范式形成→常规科学与范式积累→科学危机与范式解体→科学革命与范式变革→新常规科学与新范式形成”的科学发展模式，可以更深刻地阐释 CiteSpace 知识图谱上引文聚类的形成、积累、扩散、转换进程，揭示一个知识领域研究前沿的突现与演变进程。库恩关于范式的说明本质上是知识单元的组合，也就为用范式积累与变革理论，来解读图谱基于知识单元的聚类积累与转换，提供了合理性依据。库恩关于发现的涌现、经典著作是科学的转折点等观点，仿佛预见到 CiteSpace 共引网络图谱中关键节点论著的被引突现性和转折点特征。

### 1.3.2 普赖斯的科学前沿理论

普赖斯受贝尔纳关于“科学发展总的模式与其说像树，更像网”思想的启发，在加菲尔德发明的科学引文索引（SCI）基础上，预言“论文会因为引证关系而形成网络，人们可以借助于图论和矩阵的方法来加以研究。……论文一定会聚集成团，而形成几乎绘制成地图的（显示出拥有高地和不可逾越的沼泽地）‘陆地’和‘国家’。”[2] 紧接着在著名的《科学论文的网络》（1965 年）一文中，普赖斯把它变成了现实，由此形成其“参考文献的模式标志科学研究前沿的本质”的前沿理论。这个前沿理论是贝尔纳的创意、加菲尔德的发明和普赖斯的破解三者的结晶。[7] CiteSpace 正是基于此，形成了从“知识基础”映射到“研究前沿”的概念模型。

### 1.3.3 博特的结构洞理论

格兰诺维特（Mark Granovetter）的社会网络分析理论中有一个非常重要的观点，即信息在强关系的群体中高速传播，每个人知道的，其他人也多半会知道，新观点和新信息一定来自于与其他不同群体中的个体的弱关系[8]。博特（Ronald S. Burt）在此基础上提出结构洞理论，并指出，处于结构洞未知的个体通过信息过滤获得更多竞争优势与创新能力[9]。CiteSpace 基于此理论开发出知识网络中关键节点及关键位置的发现技术，即发现知识转折点[10]。

一篇有创见的论文引用参考文献，是通过参考文献来实现知识单元的吸收、组合与升华；多视角共引分析知识图谱，是对共引文献中各个知识单元的游离与重组，在重组中形成新的知识网络、创造新的知识单元。各个知识单元的学科差异性越大，知识单元重组的创造性越大，基于文献的发现就越重大[11]。这是陈超美《迈向一个解释性和计算性科学发现理论》一文中关于重大发现的结构洞解释。

### 1.3.4 信息觅食理论

信息觅食理论主要用来解释和模拟人们在网络环境中的信息搜寻行为，通过模型的简历，模拟用户的信息搜寻过程，并对获取信息的效率进行计算，以其最小搜索成本获取最大利益。CiteSpace 将该理论融入科学发现中，揭示科学网络中的结构与时间属性，从发现知识转折点及其连接的角度，开发了一套探寻知识传播（或知识演变）路径的独特方法和技术。

综上所述，库恩理论主要从范式的积累与变革方面更深刻地阐释引文聚类的形成、积累和转换进程，为 CiteSpace 图谱展示一个科学学科或知识领域动态演化提供了宏观历程；普赖斯的科学论文网络及科学前沿理论进一步为 CiteSpace 图谱展现了一个学科及知识领域研究前沿及其知识基础演化的微观进程。结构洞理论（包括《科学发现的结构与时间属性》中所讲的“边界层理论”）与信息觅食理论主要是为 CiteSpace 图谱的解释与预见提供基础。它们都分别从不同角度、不同侧面、直接间接地实现或支持 CiteSpace 的设计理念，对“CiteSpace 图谱改变人们看世界的方式”起到重要的作用。

## 1.4 系统要求

在安装和启动 CiteSpace 之前，首先应确保电脑装有相匹配的 Java Runtime（JRE），如果电脑系统是 32 位的，需安装 Windows x86 的 JRE，如电脑系统是 64 位的，请安装 Windows x64 的 JRE。当前版本最优化的是用于装有 Java7 的 64 位 Windows 系统。

## 1.5 工作窗口

CiteSpace 主要包括两种窗口：一种是运行主窗口（图 1-3），另一种是可视化窗口（图 1-4）。CiteSpace 是通过其主窗口创建可视化窗口的。在主窗口中运行 Go! ，当数据处理完成后，会弹出一个对话框（图 1-5），选择“Visualize”或“Visualize and Save（Graph ML）”，可以打开可视化窗口。

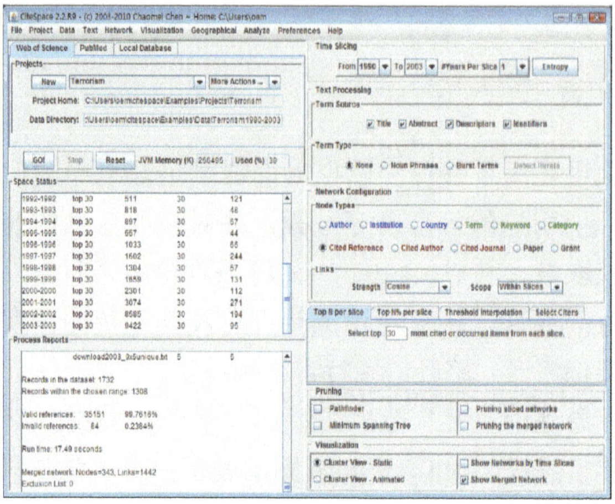

图 1-3 CiteSpace 运行主窗口

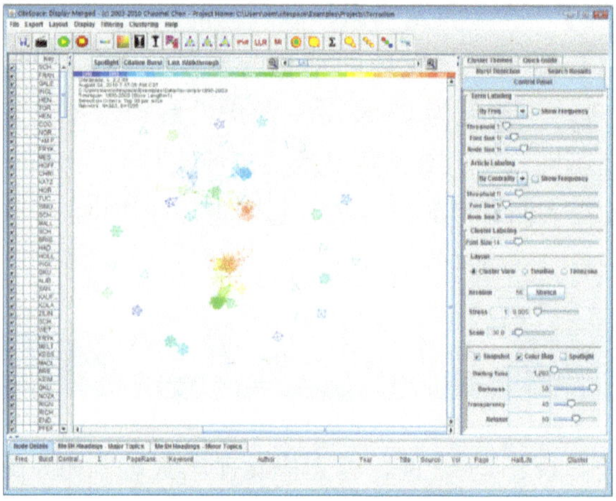

图 1-4 CiteSpace 可视化窗口

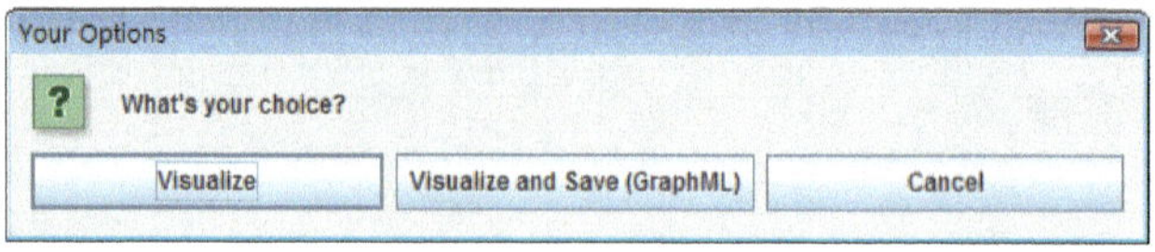


图 1-5 启动 CiteSpace 可视化窗口弹出的对话框

## 1.6 应用流程

CiteSpace 的使用流程主要包括数据采集、数据处理、参数功能选择、可视化和解读（图 1-6）。当运行速度非常慢的时候，除了考虑数据量的原因外，也应该考虑计算机的系统配置。

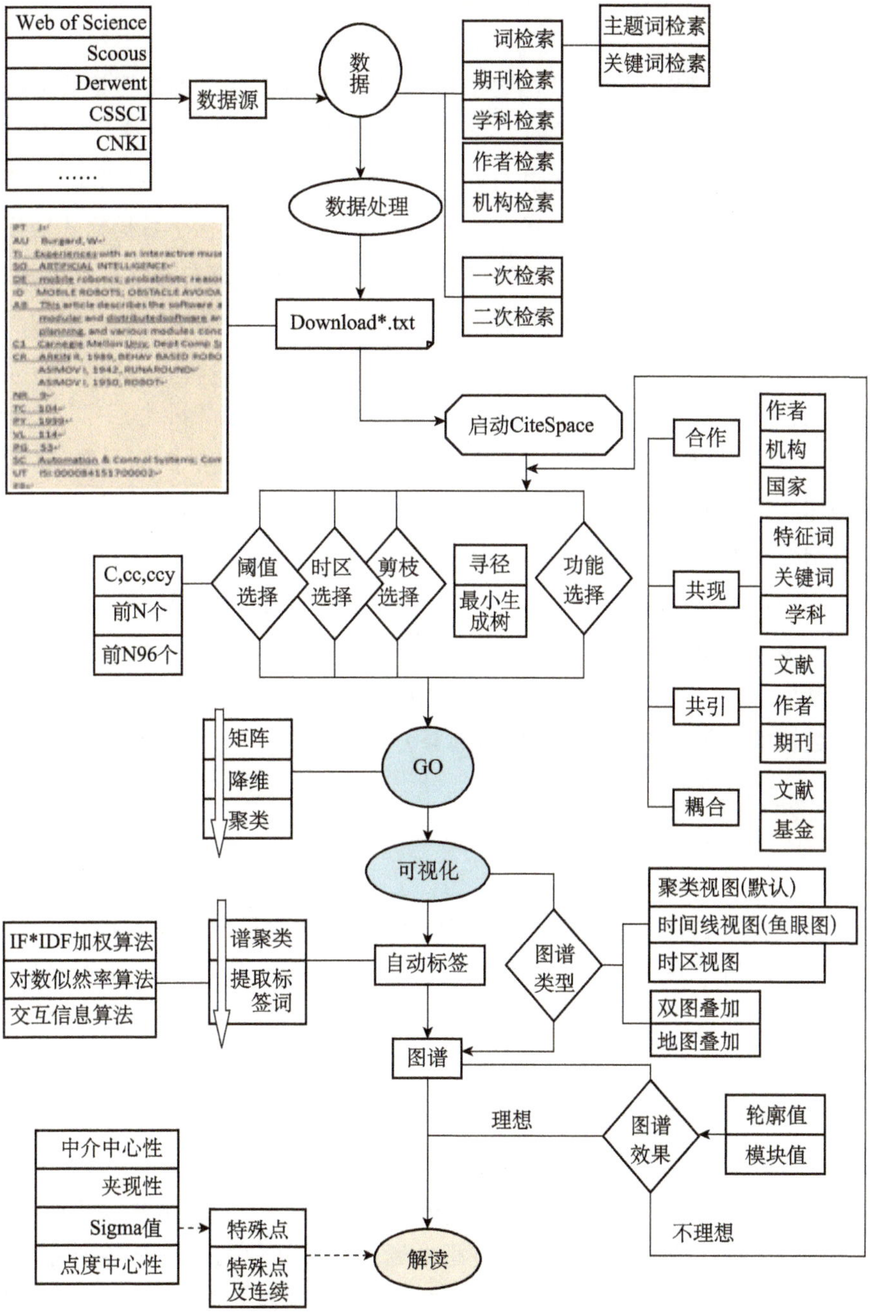


图 1-6 CiteSpace 的应用流程

## 1.6.1 数据采集及处理

CiteSpace 软件对数据格式的要求是以 WoS 数据库的文本数据格式为标准，并随着 ISI 数据库中数据格式的变化而不断更新。该软件可直接导入 WoS 和 arXiv 数据库中的数据，直接进行可视化分析，并对来源于 CNKI、CSSCI、Derwent、NSF、SCOPUS、SDSS 和 Project DX 的数据提供了数据格式转换器。CiteSpace 更适用于研究某个主题的演进，所以有针对性的主题检索效果相对更好。由于该工具基于数据的聚类而形成可视化图谱，数据量应达到一定的规模。如果一次检索的数据量较少，可以以此为“种子”，进行引文的二次检索，数据将会更完整。这可以在一定程度上提高可视化效果，如“再生医学”前沿研究[12]就采用了这种数据检索方式。任何知识图谱绘制的科学性都根源于数据基础，即如何精准全面地检索到所要研究主题的全部文献是关键问题，作者应该重视数据检索方式，并在研究论文中有明确表述。除了利用已有数据库的数据之外，我们也应该试图根据所要研究的问题自己搜集挖掘数据，武夷山说：“对于从事科学计量学研究的，如果不肯花力气去搜集、挖掘待分析的数据，那就趁早离开得了。”[13] CiteSpace 是一个开源软件，它有强大的数据处理功能，我们可以在数据的搜集和检索方面做更多的努力。

## 1.6.2 参数功能选择

数据准备好之后，进入 CiteSpace 运行阶段，该阶段包括一系列的选择，即时区选择、阈值选择、剪枝选择和功能选择。时区选择是 CiteSpace 工具的一大特色，但当研究内容并不在于反映“演化”时，就可以灵活地将数据划为一个时区。阈值选择提供了多种数据筛选的策略。首推最简单的 Top $N$ 选择，即在每个时区中选择前 $N$ 个高频出现的节点。次推 Top $N$%选择，即在每个时区中选择前 $N$%高频出现的节点。第三种比较复杂，通过前、中、后三个时间段的(c,cc,ccv)，即（被引或出现的频次,共被引或共现频次,共被引率或共现率）的设置来筛选数据的方式，具体运行过程中通过线性插值的方法对各个时间段进行阈值控制。(c,cc,ccv) 的前两项是绝对值控制，实现对点的控制，ccv 是相对值控制，实现对线的控制，经验值为 15 或 20，这意味着我们对出现频率较高的两点的共现频率的要求也相应提高。第四种选择是要与上述三种选择策略配合使用，选择出现频率在某个区间的文献或词等，这使我们可以根据研究的具体内容，方便地删除掉可能无太大意义的高频文献或低频文献。在 CiteSpace 运行过程中，后台的数据处理状况都能够显示出来，我们可以根据数据运行状况进行阈值调整。如果可视化初期结果杂乱难以解读，CiteSpace 提供了寻径（pathfinder）和最小生成树（minimum spanning tree，MST）两种剪枝方式的选择。寻径的作用是简化网络并突出其重要的结构特征，它的优点是具有完备性（唯一解）；MST 的优点是运算简捷，能很快出结果。CiteSpace 提供了 11 种功能选择，针对施引文献的合作图谱（作者合作、国家合作和机构合作）和共现图谱（特征词、关键词、学科类别），以及针对被引文献的共引图谱（文献共被引、作者共被引和期刊共被引）。这些图谱都可以用来揭示科学结构的发展现状乃至变化情况，并进而用于前沿分析、领域分析、科研评价等，但针对具体的研究问题，应根据不同图谱的绘制原理来进行选择。如使用最频繁的是文献共被引图谱，它可以帮助人们通过图谱中的关键节点、聚类及色彩来分析某个研究主题的演变；合作图谱可以发现某个研究领域学者、国家或研究机构之间的社会关系，为评价科研人员、国家或机构的学术影响力提供一个新的视角，有利于我们发现那些值得关注的科研人员、国家或机构；共词（特征词或关键词）图谱更有利于人们分析研究热点及热点的演变，尤其配合突变词（burst term）功能的使用；学科类别贡献图谱往往用来分析学科知识结构及其演变；作者共被引图谱可以用于分析某个领域内的科学共同体及其演变；期刊共被引可用于研究领域的学科基础及其演变的分析。完成这一系列选择，按下“运行”按钮，CiteSpace 将在后台进行创建矩阵、降维和聚类的过程，数据筛选和运行情况会显示在运行主窗口的左侧。随后进入可视化阶段。

### 1.6.3 数据可视化

CiteSpace 提供了三种可视化方式的选择，其中默认的是聚类视图（cluster），它侧重于体现聚类间的结构特征，突出关键节点及重要连接，时间线视图（timeline）侧重于勾画聚类之间的关系和某个聚类中文献的历史跨度，时区视图（timezone）是另一种侧重于从时间维度上来表示知识演进的视图，它可以清晰地展示出文献的更新和相互影响。在聚类视图的基础上我们还可以选择双图叠加以寻求两个图谱之间的关联，或是以 Google 地图为基础图，绘制一幅空间知识图谱。CiteSpace 依据谱聚类算法提供了自动聚类的功能，并提供了从聚类施引文献中提取聚类主题词的三种算法，默认的自动标签词是依据 TF * IDF 加权算法而给出的。绘制图谱的要求之一是美观并易解读。“美观”就是指看上去舒服，对于一幅知识图谱而言，如果显示出结构过于拥挤、节点大小和标签大小不协调、色彩混乱，则称不上“美观”；但若结构布局清晰、节点大小和标签大小适度、色彩层次化、图谱干净利索，则会让人舒服，甚至让人有艺术的享受，即“美观”（见“精美图谱”）。CiteSpace 依据网络结构和聚类的清晰度，提供了模块值（简称 $Q$ 值）和平均轮廓值（silhouette，简称 $S$ 值）两个指标，它可以作为我们评判图谱绘制效果的依据。一般而言，$Q$ 值一般在区间 $[0,1)$ 内，$Q>0.3$ 就意味着划分出来的社团结构是显著的；当 S 值在 0.7 时，聚类是高效率令人信服的，若在 0.5 以上，聚类一般认为是合理的，若 $S$ 值为无穷大，则聚类个数通常为 1，这样选的网络可能太小，只代表一个研究主题。知识图谱的绘制需要选取不同的阈值多次绘制，依据 $Q$ 值和 $S$ 值选取较理想的图谱作为最终的结果。另外，值得一提的是，为了便于读者对图谱的认识和理解，我们应该尽可能保留软件生成图谱的左上方信息栏，其中提供了各种阈值设置、节点数、连线数、网络密度、轮廓值及模块值等数值。

### 1.6.4 图谱解读

绘制知识图谱的目的是更好地理解科学发展的状态和机制，因而解读是关键。图谱解读是一项兼具科学性和建构性的工作，建构性必然会带来图谱解读的因人而异，无法强求一致，而科学性则要求图谱解读的规范和严谨，需遵循一定的规则和程序。专家解读固然能提高图谱解读的科学性，但随着科学的交叉、融合、纵深的快速发展，新兴研究领域和主题不断涌现，所谓的专家也未必能对科学的局部与整体把握得十分准确。实际上，从某种角度而言，科学知识图谱工具的使用有助于改善人们的这种认识不足。关于 CiteSpace 的三篇重要文献[3,10,14]，除了对形成的文献结构进行分析外，都经过了专家的认证解读。这从一定程度上可以证明 CiteSpace 是可以用来反映科学发展的客观情况的。CiteSpace 是通过多种阈值选择而形成的一种独特的由多个文献共被引网络组合而成的知识网络，并提供了一些自动生成的信息，可以利用这些信息从网络的整体结构、形成的聚类、聚类之间的关系（包括结构的关系和时间的关系）入手，解读过程中应参照各种自动生成的指标信息（右键弹出菜单提供很多功能）。另外，自动聚类和自动提取出的聚类标签词极大地帮助我们理解网络的内容，在理解网络结构和内容时，寻找特殊点和连接线是很重要的。特殊点占据着知识网络中的一些重要位置，在知识结构演变中扮演着特定的角色，这些特殊点的寻找可以依据中介中心性（betweenness centrality）、突现性（burst）、综合考虑中介中心性和突现性的 Sigma（$\sum$）值等来灵活判断。

# 2 初级启动

本章我们使用 CiteSpace 软件“内置（built-in）数据库”，来说明如何一步一步地绘制出可视化图谱。我们在此使用的内置数据是以“terrorism or terrorist＊”为主题检索词从 WoS 中检索并下载得到的，这应该包括在“文章标题”或“摘要”或“关键词”中出现“terrorism or terrorist＊”的所有文献记录。对于内置的数据，项目已经创建好了，因此在此省略了“创建新项目”这一步骤。读者可以跟随着本章的指导完成“一盘快餐”，已经有过 CiteSpace 应用经历的读者，可以越过本章直接进入第 3 章。

## 2.1 启动 CiteSpace

在 CiteSpace 主页上下载最新版本 CiteSpace 3.8.R3（64-bit），在下载的文件夹中打开文件名为“launch”的文件，在 Java 环境下计算机屏幕将会依 a、b、c、d、e、f 的顺序出现相应界面（图 2-1），以确定 CiteSpace 的正常启动。

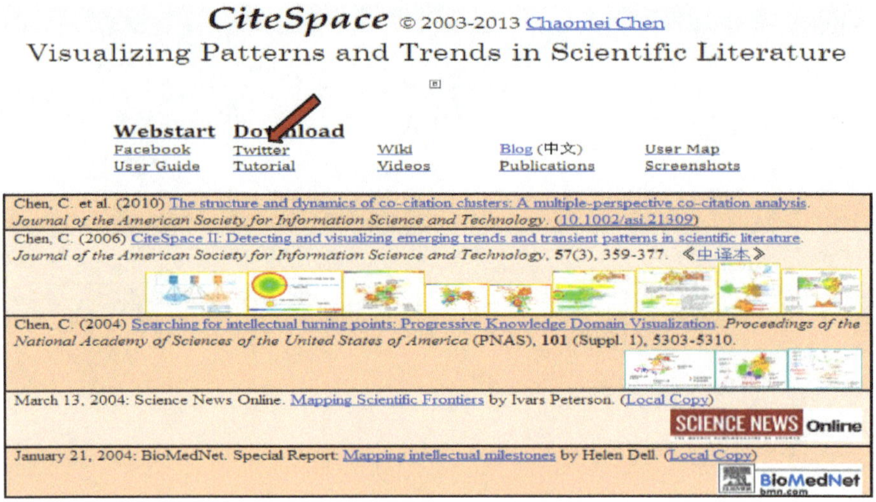


a. CiteSpace 主页

图 2-1 启动 CiteSpace

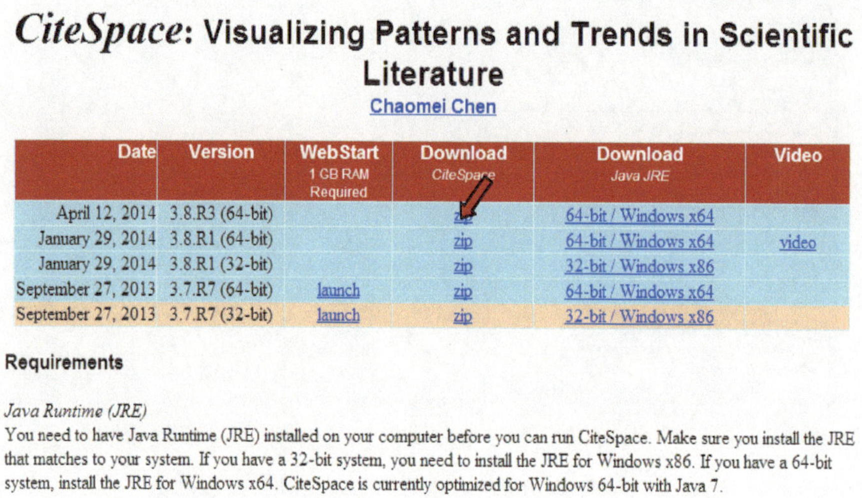

# CiteSpace: Visualizing Patterns and Trends in Scientific Literature

Chaomei Chen

| Date | Version | WebStart 1 GB RAM Required | Download CiteSpace | Download Java JRE | Video |
|---|---|---|---|---|---|
| April 12, 2014 | 3.8.R3 (64-bit) | | zip | 64-bit / Windows x64 | |
| January 29, 2014 | 3.8.R1 (64-bit) | | zip | 64-bit / Windows x64 | video |
| January 29, 2014 | 3.8.R1 (32-bit) | | zip | 32-bit / Windows x86 | |
| September 27, 2013 | 3.7.R7 (64-bit) | launch | zip | 64-bit / Windows x64 | |
| September 27, 2013 | 3.7.R7 (32-bit) | launch | zip | 32-bit / Windows x86 | |

**Requirements**

*Java Runtime (JRE)*

You need to have Java Runtime (JRE) installed on your computer before you can run CiteSpace. Make sure you install the JRE that matches to your system. If you have a 32-bit system, you need to install the JRE for Windows x86. If you have a 64-bit system, install the JRE for Windows x64. CiteSpace is currently optimized for Windows 64-bit with Java 7.

b. 选择下载最新版本（现已不支持网络启动）

c. Java 环境运行中

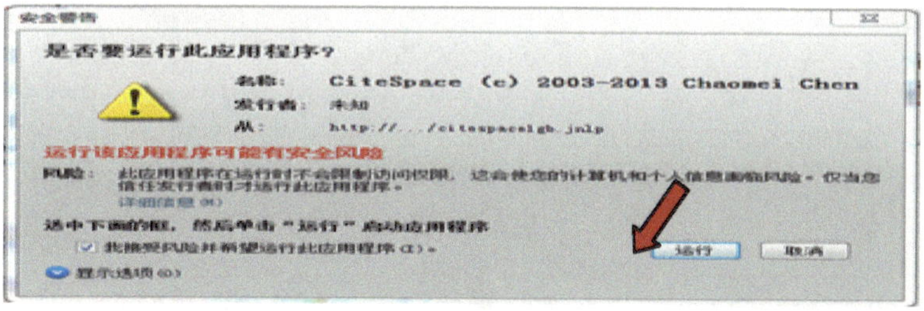


d. 选择运行 CiteSpace（点击箭头所指的方格，使其打上“?”，再点击 运行 按钮）

图 2-1 启动 CiteSpace（续）

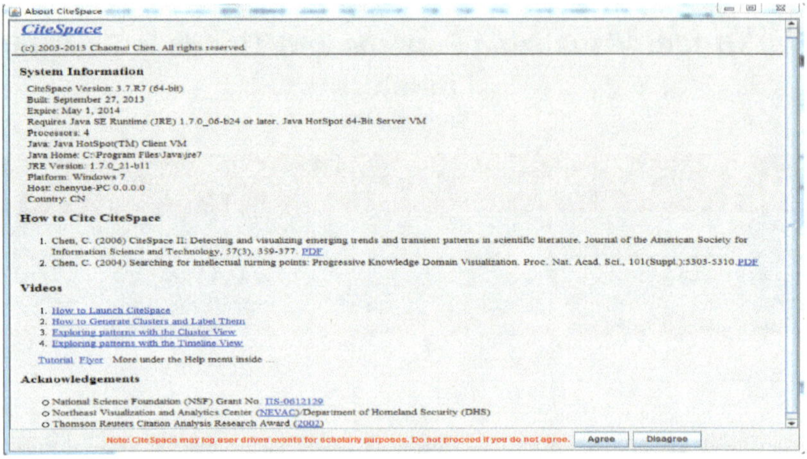


e. 关于 CiteSpace 的所有文本信息的界面（点击 Agree 按钮）

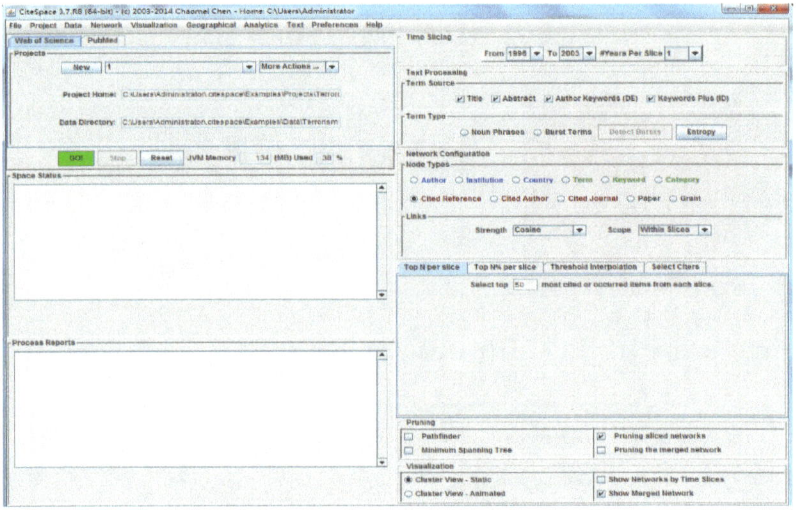


f. 进入 CiteSpace 运行及参数配置主页面

图 2-1　启动 CiteSpace（续）

CiteSpace 会生成多个关于系统状态的信息，包括“警告”和“错误”信息。在启动之前，如果 Java 软件出现对话小窗口的话，就可以看到这些信息。在 Windows 系统里可以通过控制面板设置 Java 程序弹出的对话窗口。

如果由于某种原因，需要强制网络启动某版本的 CiteSpace 软件，则需要在电脑上删除或重命名现存的版本，而后再网络启动。在 Windows 系统下，它保存在 C:\Documents and settings\user _ name\citespace 路径下；在 Mac 系统中，它保存在 Users \ user _ name \ citespace 路径下。

## 2.2 运行内置数据的案例演示

在运行新数据之前，通过运行 CiteSpace 自带的案例演示数据进行学习是一个很好的办法。演示案例已经预先设置好了默认的参数值，使用者可以只关注运行的关键步骤和主要结果（图 2-2）。

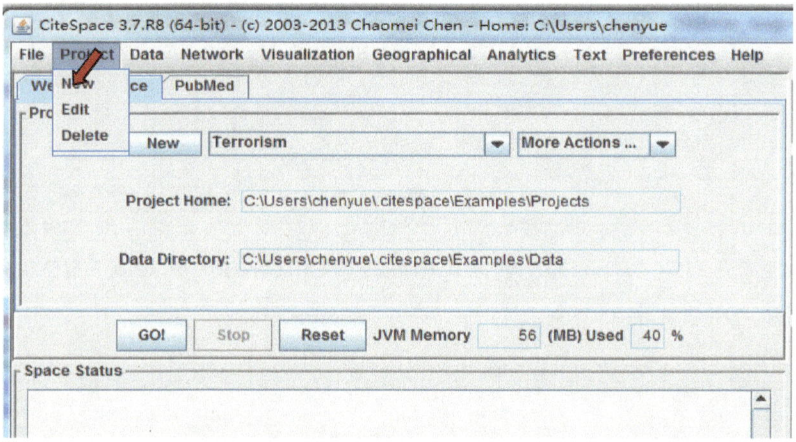


a. 点击 CiteSpace 主界面右上角菜单“Project→New”，或者直接点击按钮 New ……

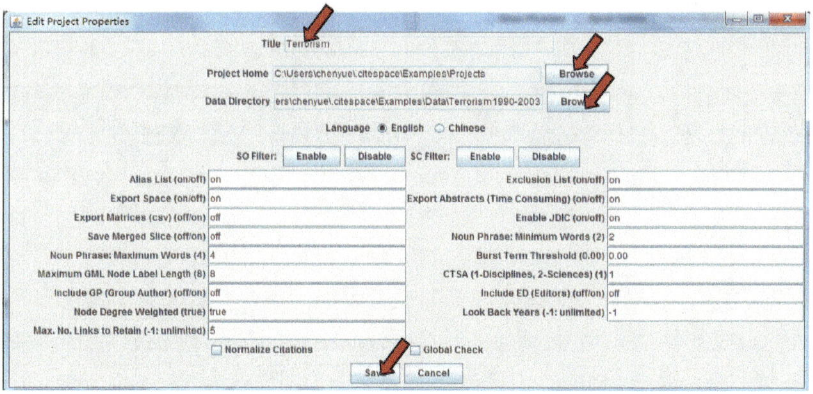


b. 弹出新项目设置界面。选择存储路径和数据路径。点击 Browse，分别为“Project Home”（存放 CiteSpace 运行中产生的结果）和“Data Directory”（存放下载的文献数据）选择路径，并命名 Title。点击按钮 Save ……

图 2-2　CiteSpace 内置案例数据的运行步骤

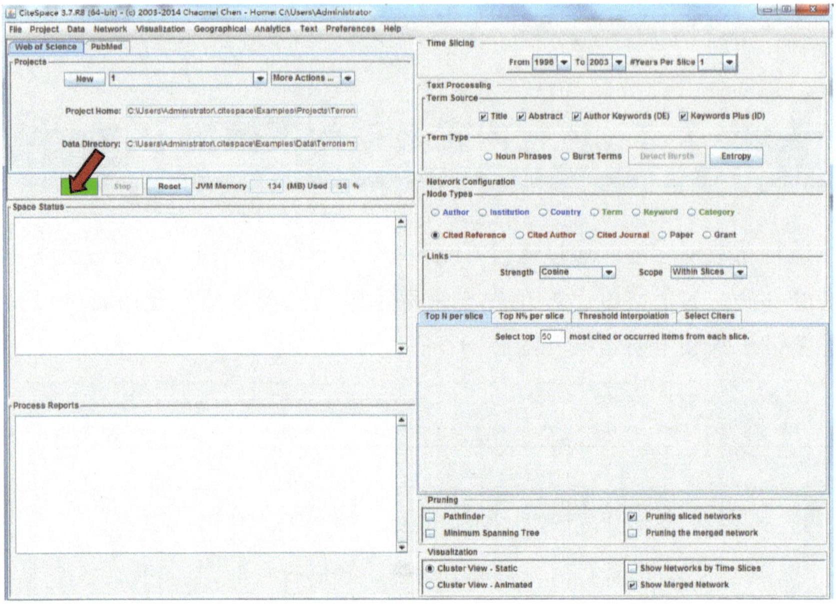


c. 生成了一个以“Terrorism”为名的新项目。由于使用演示数据，所以各种参数已经设置好。点击按钮 GO ……

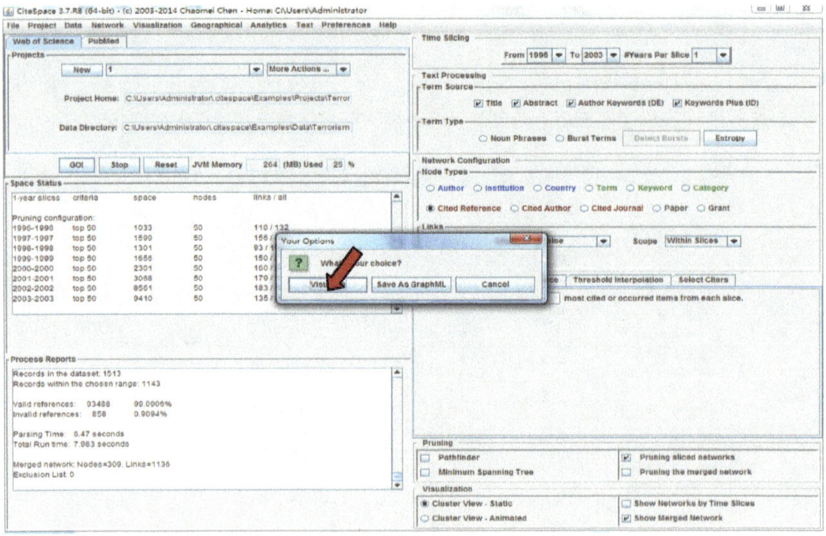


d. 数据运行情况显示在左侧下方两个面板中。运行结束后，自动弹出小窗口。通常点击按钮 Visualize ……

图 2-2 CiteSpace 内置案例数据的运行步骤（续）

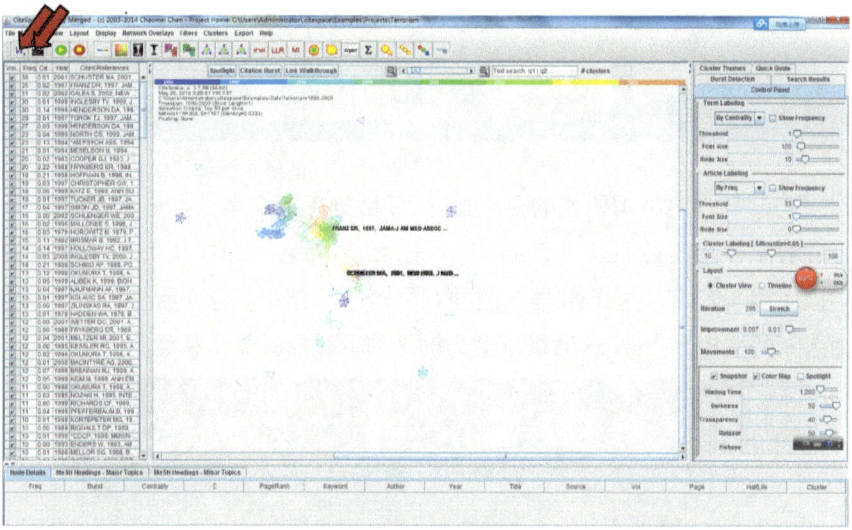

e. CiteSpace 的可视化窗口。使用缩放滑动条可以调整图谱的大小，同时，也可以通过下方和右方的滑动条调整网络图谱的位置。点击或……

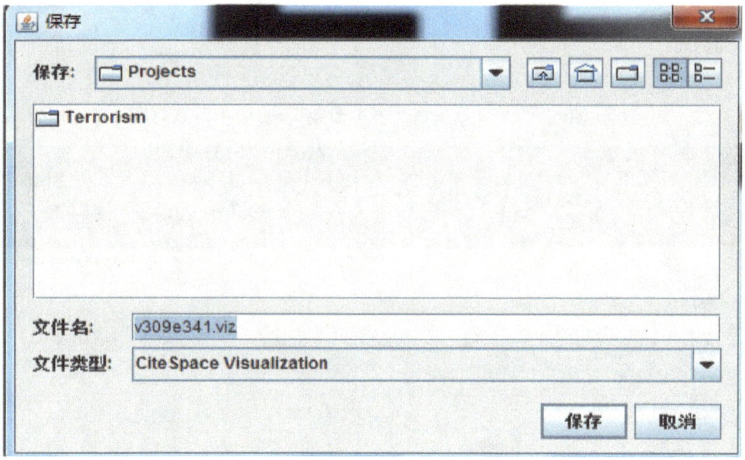


f. 保存可视化图谱

图 2-2 CiteSpace 内置案例数据的运行步骤（续）

Citespace 软件提供了大量可以使用的控制按钮和调节按钮，可以通过不同的设置获得大量的信息，我们将在本书中详细介绍其他的功能。

## 2.3 数据下载

CiteSpace 软件对数据格式的要求是以 ISI 数据库的文本数据格式为标准，下载数据形成的文本文档必须以“download＊＊.txt”命名，如果从 ISI 下载的数据较多，可以使用“TXT 文档合并器”软件对文档进行合并，合并后仍以“download”开头命名新的文档。以 WoS 数据下载为例，其下载的具体步骤如图 2-3 所示。

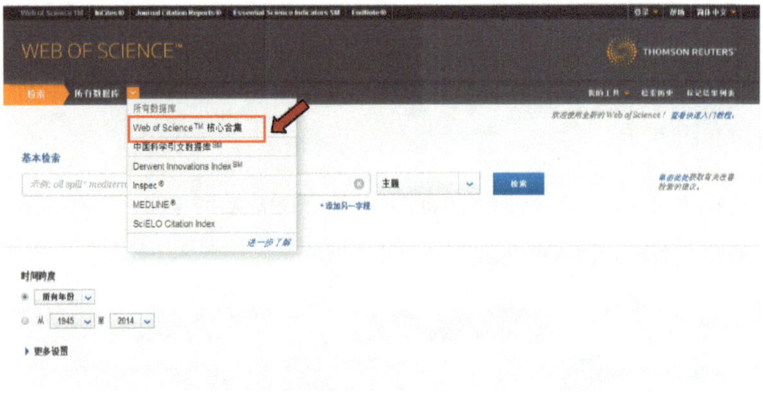


a. 点击“Web of Science™核心合集”进入 WoS 数据库

b. 选择检索方式，输入检索词，设置检索条件进行检索

图 2-3 WoS 文献数据下载的操作步骤

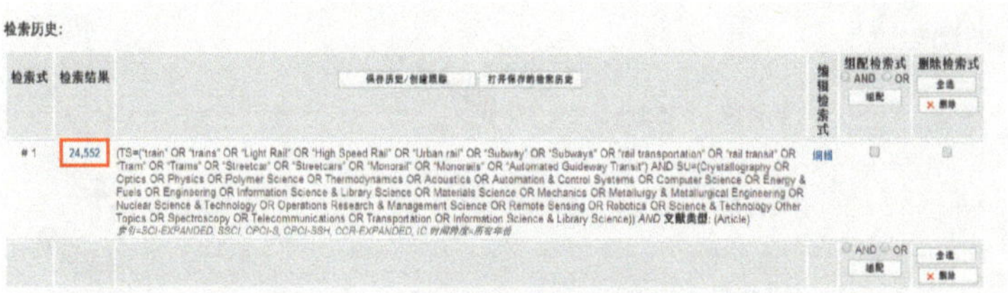


c. 点击进入检索结果

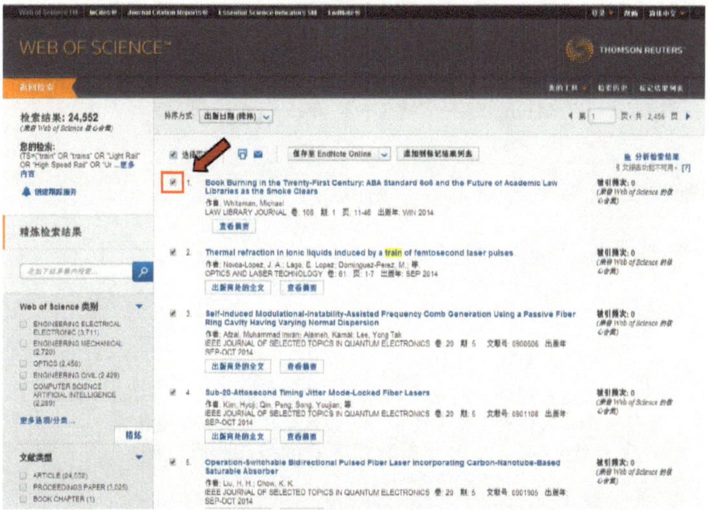


d. 选定要下载的文献

e. 在检索页面顶端的“保存至 Endnote Online”下拉菜单中选择“保存为其他文件格式”

图 2-3 WoS 文献数据下载的操作步骤（续）

f. 选择要保存的记录数，记录内容选择下拉菜单中的“全记录与引用的参考文献”，文件格式选择“纯文本”，单击 发送 按钮

g. 等待记录发送，记录发送完成后将待下载文件的文件名以“download”开头，保存到 data 文件夹中，重复 b～h，直至全部记录下载完成

图 2-3　WoS 文献数据下载的操作步骤（续）

下载的文档中每个文献记录都有固定的格式要求，需要至少包含以下字段，即 PT、AU、TI、SO、DE、ID、AB、C1、CR、NR、TC、PY、VL、PG、SC、UT、ER，下面为一个具体实例实例，其中各字段的含义见表 2-1。

*PT J*

*AU Burgard, W*

*Cremers, AB*

*Fox, D*

*TI Experiences with an interactive museum tour-guide robot*

*SO ARTIFICIAL INTELLIGENCE*

*DE mobile robotics; probabilistic reasoning; localization; mapping;*

*ID MOBILE ROBOTS; OBSTACLE AVOIDANCE; NAVIGATION; ARCHITECTURE; SAMPLES; GRIDS; TIME*

*AB This article describes the software architecture of an autonomous, interactive tour-guide robot. It presents a*

*modular and distributedsoftware architecture, which integrates localization, mapping, collision a-*

*voidance,*

*planning, and various modules concerned with user interaction and Web-based telepresence. …*

*C1 Carnegie Mellon Univ, Dept Comp Sci, Pittsburgh, PA15213USA.*

*Carnegie Mellon Univ, Inst Robot, Pittsburgh, PA15213USA.*

*Univ Bonn, Comp Sci Dept 3, D-5300 Bonn, Germany.*

*CR ARKIN R, 1989, BEHAV BASED ROBOTICS*

*ASIMOV I, 1942, RUNAROUND*

*ASIMOV I, 1950, ROBOT*

*ASOH H, 1997, P IJCAI 97 NAG JAP*

*BARAL C, 1998, AAAI FALL S WORKSH C*

*BELLMAN RE, 1957, DYNAMIC PROGRAMMING*

*BETKE M, IN PRESS IEEE T ROB*

*BISHOP CM, 1994, NEURAL NETWORKS PATT*

*BLUM A, 1998, P C LARN THEOR COLT*

*NR 9*

*TC 104*

*PY 1999*

*VL 114*

*PG 53*

*SC Automation & Control Systems; Computer Science, Artificial Intelligence*

*UT ISI: 000084151700002*

*ER*

**表 2-1　数据格式中各个字段含义**

| 字段 | 含义 | 字段 | 含义 | 字段 | 含义 |
|---|---|---|---|---|---|
| PT | 文档类型 | VL | 卷号 | C1 | 作者机构 |
| TI | 文章题目 | SC | 领域类别 | NR | 参考文献数 |
| DE | 描述关键词 | ER | 文本结束符 | PY | 发表年份 |
| AB | 摘要 | AU | 作者姓名 | PG | 页数 |
| CR | 参考文献 | SO | 文章来源 | UT | ISI 文件号 |
| TC | 总被引频次 | ID | 文档关键词 | | |

在 CiteSpace 软件中，对分析数据对象的选择主要集中体现在运行主窗口中“Network Configuration”模块下的“Note Types”面板上，面板上可以选择的操作共有 11 项，根据数据对象的不同，可将这 11 项功能区分为 5 类（表 2-2）。

表 2-2 11 项功能的分类与定义

| 类别名称 | 面板功能名称 | 对应数据字段 | 实现功能 | 图谱 |
|---|---|---|---|---|
| 合作 | Author | AU | 作者合作 | 合作图谱 |
| | Institution | C1 | 机构合作 | |
| | Country | C1 | 国家合作 | |
| 共现 | Term | TI, DE, ID, AB | 特征词共现 | 共现图谱 |
| | Keyword | DE, ID | 关键词共现 | |
| | Category | SC | 类别共现 | |
| 共被引 | Cited Reference | CR | 文献共被引 | 共引图谱 |
| | Cited Author | CR | 作者共被引 | |
| | Cited Journal | CR | 期刊共被引 | |
| 耦合 | Paper | CR | 文献耦合 | 耦合图谱 |
| 基金资助 | Grant | FU, FO | 共同资助 | 共同资助图谱 |

若要进行文本的内容分析，需在运行主窗口中“Text processing”模块下的“Term Sources”面板上选择“Term”包含的范围，有四个数据来源可供选择（“Title”“Abstract”“Descriptors”“Identifiers”，即题目、摘要、作者给出的关键词、数据库附加关键词）。如果在“Term”中选择题目或者摘要，那么还需要在“Term Selection”中选择“Noun Phrases”选项，此选项的功能是将题目和摘要中的名词短语抽取出来，进而可对这些名词短语进行特征词共现分析。

## 2.4 参数设定

在运行新的项目之前，要对主面板右侧的系列参数进行设置，主要包括时间分区、分析对象的选择、分析对象的连接强度、分析对象的数据筛选（设置阈值）、图谱修剪和图谱可视化方式等。

### 2.4.1 设定时间分区

在 CiteSpace 运行主窗口中“Time Slicing”模块下通过“From... To”选择起止时间；通过“Years Per Slice”选择时间分区，如选择 2，则为每两年一个时间分区。

Citespace 提供了熵（entropy）作为各时间段的宏观指标来衡量网络的有序性与无序性，点击右侧 Entropy 即可得到各时间段的熵值变化曲线。熵定义为

$$H=-\sum_{i=1}^{n}p(x_i)\log_b p(x_i) \tag{2-1}$$

其中，$P_i$ 表示节点 $i$ 在网络中出现的概率。

## 2.4.2 选取分析对象

Citespace 共提供了 11 种分析对象的选择，选择不同的对象能够得到不同的图谱（表 2-2）。

如果选择两个或多个研究对象，可以做多种方法的集成分析。例如，选择"Cited Reference"和"Term"可以得到引文共被引和共词的混合知识图谱。

共词分析可以将"Title""Abstract""Descriptors""Identifiers"四类内容作为词的来源，如果从以上途径所得到的词过多，可以根据需要利用"Term Selection"选项遴选词语。其中，"Noun Phrases"指选择名词，"Burst Phrases"指根据词的突现率来选择词语。

## 2.4.3 分析对象的连接强度

分析对象数据之间（即图谱中的边）的连接强度可有三种选择，默认连接强度为夹角余弦距离（Cosine），即

$$\text{Cosine}(x,y)=\frac{XY}{\|X\|\ \|Y\|}=\frac{C_xC_y}{\sqrt{(\sum\limits_{i=1} C_{x_i}{}^2)(\sum\limits_{i=1} C_{y_i})^2}} \tag{2-2}$$

其他两种连接强度分别为，Jaccard 距离和 Dice 距离，计算公式分别为

$$\text{Jaccard}\ (x,y)=\frac{|X\cap Y|}{|X\cup Y|}=\frac{CC_{xy}}{C_x+C_y-C_{xy}} \tag{2-3}$$

$$\text{Dice}\ (x,y)\frac{2|X\cap Y|}{|X|+|Y|}=\frac{2CC_{xy}}{C_x+C_y} \tag{2-4}$$

## 2.4.4 分析对象的数据筛选

如果分析的数据量过多，得到的图谱过于庞大或杂乱，就需要对数据进行筛选或者对图谱进行修剪，并且选择适当的可视化表示方法。对数据的筛选Citespace 提供了四种策略：

Text N per slice 选择每一时间片段中被引频次或出现频次最高的 $N$ 个数据，$N$ 为数据框中输入的数字。

Text N% per slice 选择每一时间片段中前 $N\%$的数据，并且将数据数量限制在 $M$ 个，即如果 $N\%$的数据超过 $M$，则只取前 $M$ 个数据。

Threshold Interpolation 通过阈值筛选数据，提供 c，cc，ccv 三个阈值在前、中和后三个时间段的选择。c 指数据的被引或出现的频次；cc 指两个数据之间的共被引或共现频次；ccv 指数据之间的共被引率或共现率，即 $\mathrm{CCV}(i,j)=\dfrac{CC(i,j)}{\sqrt{C(i)\cdot C(j)}}$。

Seleet Citers 是对第一种策略的补充，可以选取被引频次在某一区间“Use TC Filter”的文献。点击 Check TC Distribution 可以得到文献被引频次的分布，TC（times cited）指被引频次，Freq 指某一频次数对应的文献数量，Accum. % 指所占的累积百分比。然后点击 Continue 进入第一种策略，在已经筛选过的数据中选取前 $N$ 个数据。

## 2.4.5 图谱修剪

Citespace 提供了两种图谱修剪的方法，寻径 Pathfinder 和最小生成树 Minimum Spanning Tree 算法，可以根据具体情况在对话框中勾选不同算法对图谱进行修剪，实际上在多数情况下并不需要对图谱进行修剪，只有在得到的图谱过于庞大和混乱时才使用。

在确定修剪算法后，可以选择两种修剪策略：如果选择 Pruning slice networks，则 Citespace 先对每一个时间段的图谱修剪后拼接在一起，选择

Pruning the merged networks，则 Citespace 只对整个网络修剪，建议选择后者，前者得到的图谱较为分散。

### 2.4.6 图谱可视化方式

图谱可视化方式分为静态（static）和动态（animated）两种，默认的方式为静态。如果勾选 Show networks by Time Slice，Citespace 将会分时间段显示多个图谱，反之则将所有时间段的“快照”展示在一张图谱上，默认的选项为 Show Merged Network。

## 2.5 数据可视化

CiteSpace 可视化窗口最核心的部分为图谱显示区，数据运行的最终可视化图谱在这里显示出来。可视化窗口中的其他部分都是围绕着对该图谱中的点、线，以及该图谱布局的调节、控制和解读而展开的。

CiteSpace 提供了三种可视化视图：聚类视图（cluster view）、时区视图（timezone）和时间线视图（timeline）。聚类视图侧重于不同研究领域的知识结构，时区视图更着重于描绘各研究主题随时间的演变趋势和相互影响，时间线视图更便于看出某个研究主题研究基础的时间跨度。在三种视图中都可以显示出对知识演变起到重要作用的那些文献。可视化图谱的三种形式的切换按钮在可视化窗口右侧控制面板的中部。默认的可视化视图是聚类视图。

另外，值得注意的是，CiteSpace 可以生成共被引网络、合作网络和共词网络三种原理相同、含义不同的可视化图谱。在运行 CiteSpace 的主面板中，选择不同的分析对象，即可获得不同类型的可视化图谱。

## 2.6 聚类生成

CiteSpace 软件提供了自动聚类的功能。自动生成聚类的操作可以通过下拉菜单“Clusters→Clustering/Clustering (Advanced)”来实现，也可以通过面板上的快捷键来实现（图 2-4）。

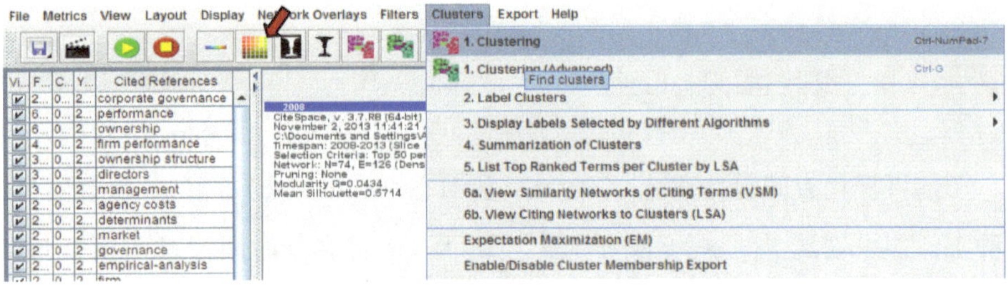


a. 选择“Clusters”菜单下面的“Clustering”，或者直接点击按钮，可以进行自动聚类操作

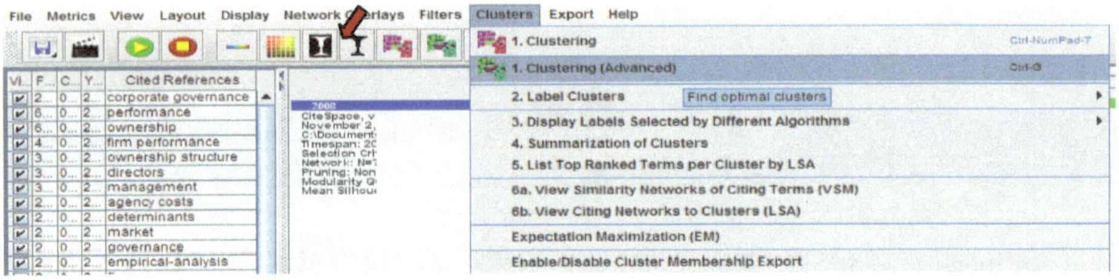


b. 选择“Clusters”菜单下面的“Clustering (Advanced)”，或者直接点击按钮，可以进行高级聚类操作

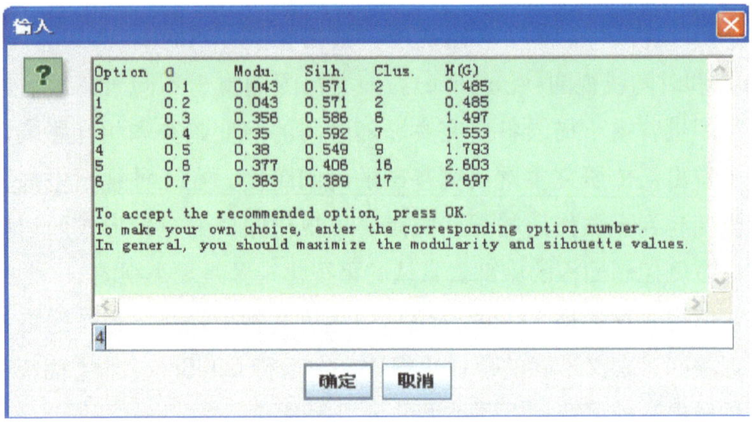


c. 选择高级聚类操作，弹出此对话框，可以根据给出计算指标和研究的需要，选择合适的聚类

图 2-4 自动聚类功能的选择和实现

CiteSpace 自动聚类的实现是依据谱聚类算法，谱聚类本身就是基于图论的一种算法，因此它对共引网络这种基于连接关系而不是节点属性的聚类具有天

然的优势。传统的聚类算法，如 K-均值算法、EM 算法等都是建立在凸球形的样本空间上，但当样本空间不为凸时，算法会陷入局部最优。谱聚类算法正是为了弥补上述算法的这一缺陷而产生的，它可以对任意形状的样本空间进行聚类，且收敛于全局最优解。CiteSpace 在运行过程中，会在主题词前面自动生成加权值，加权值越大，表明主题词越重要，对相应聚类的表征程度就越高。CiteSpace 还可以根据给出计算指标和研究的需要，选择合适的聚类。当选择“Clustering（Advanced）”或功能键时，在 CiteSpace 可视化界面弹出选择框，用户可以选择尽可能轮廓值和模块值大的聚类选择。

模块性（modularity）是纽曼（M. E. J. Newman）于 2004 年提出的一个社团识别效果的评价指标，计算公式为 $Q=\sum_i(e_{ii}-a_i^2)$，其中 $i$ 是划分好的社团编号，$e_{ii}$ 是指社团内部连线占全图所有连线的比例，$a_i$ 是指与社团 $i$ 相关的连线占全图所有连线的比例。聚类的效果越好，社团内部连线就会越多，从而 $e_{ii}$ 越大，$Q$ 值越大。$Q$ 值一般在区间 [0,1) 内，$Q>0.3$（经验值）就意味着划分出来的社团结构是显著的。平均轮廓值是考夫曼（L Kaufman）和卢梭（Peter J. Rousseeuw）于 1990 年提出的另一个评价聚类效果的参数，即单个样本点的轮廓系数是 $S_i=1-a/b$，其中 $a$ 为点 $i$ 与所在类中其他点的平均距离，$b$ 为点 $i$ 与最接近点 $i$ 所在类的类中各点的平均距离。平均轮廓值是各样本点轮廓值的平均数。一般的，当轮廓值在 0.7 时，聚类是高效率令人信服的，在 0.5 以上，聚类一般认为是合理的。

## 2.7 聚类标注

聚类标签词来源于施引文献，可以从施引文献的“标题词条”或“索引词条”或“摘要词条”提取，提取办法基于三种排序算法，即 TF * IDF 加权算法、对数似然率（log-likelihood rate）算法以及互信息（mutual information）算法。TF * IDF 提取出的词语强调的是研究主流，对数似然率算法和互信息算法提取出来的词语强调研究特点。两者相结合，从中抽取共同的信息可谓是对聚类最佳的诠释和界定。

在可视化分析中，每个聚类以其排序最高的特征词条来表示，这些词条或者列在每个聚类的中心，或者列在相应的每条时间线的末端。在默认情况下，

CiteSpace 选取的标题是由 TF * IDF 算法提取出来的。

自动生成聚类标签的操作可以通过在“Cluster”下拉菜单中的“Label Clusters”和“Display→Labels Selected by Different Algorithm”的选项实现，也可通过快捷键来实现（图 2-5）。

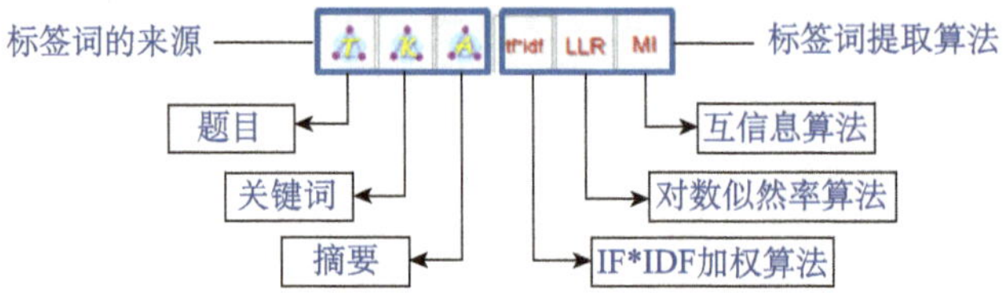


图 2-5 聚类标签的控制键

## 2.8 导 出

CiteSpace 提供了可视化图谱的保存和导出选项，主要有将可视化视图存储为 . viz 和 . png 图片格式，将可视化视图数据导出为 Pajek 格式 UciNet 格式等，以便进行其他分析。

### 2.8.1 可视化视图存储

CiteSpace 可视化结果可以通过功能按钮保存成 . viz 和 . png 格式。

. viz 格式是 CiteSpace 图谱的标准格式，保存有图谱的节点、连线等信息，可以通过 CiteSpace 再次打开。因此，如果用户想要保存当前生成的图谱结构，. viz 是首选的存储格式。

. png 是一种图片格式。CiteSpace 可以将生成的可视化图谱通过 . png 格式高保真存储，从而方便用户在 Word 或 PowerPoint 中插入应用。

### 2.8.2 可视化数据导出

CiteSpace 可以将可视化图谱中的节点和连线存储为 . net 文件，从而可以利用 Pajek 或 UCINET 进行知识网络的绘制。

# 3 数据处理

本章主要介绍CiteSpace软件所处理数据的来源及对数据的基本处理过程，包括数据资源介绍、数据预处理过程、内置数据库操作、数据转换模块四部分内容。随着信息时代的到来，信息资源以指数速度增长，存储这些资源的数据库也逐渐增多，这些数据库各自具备独有的特征，人们可以根据需求选择不同数据库作为数据来源，但这些数据库中数据存储格式存在很大差别，没有统一的处理模式，也给人们带来很多麻烦。本章所要重点解决的问题是如何用CiteSpace软件对不同数据库中数据进行统一格式化处理。

## 3.1 数据资源

目前世界大部分国家都拥有属于本国的数据库资源，根据各国本土语言不同，数据库使用的语言也各不相同，本节只简单介绍8个以英语为主要语言的国际权威数据库和2个中文数据库。

### 3.1.1 WoS数据库

WoS是美国Thomson Scientific（汤姆森科技信息集团）基于Web开发的产品，是大型综合性、多学科、核心期刊引文索引数据库，包括三大引文库（SCI、SSCI和A&HCI）和两个化学数据库（CCR、IC），以及科学引文检索扩展版（SCIE）、科技会议文献引文索引（CPCI-S）、社会科学和人文科学会议文献引文索引（CPCI-SSH）三个引文数据库，以ISI Web of Knowledge作为检索平台。

WoS数据库收录了12 000多种世界权威的、高影响力的学术期刊，内容涵盖自然科学、工程技术、生物医学、社会科学、艺术与人文等领域，最早回溯至1900年。WoS收录了论文中所引用的参考文献，并按照被引作者、出处和出版年代编成独特的引文索引。

CiteSpace软件处理的数据格式是以WoS数据下载格式为标准。

WebSite：http：//isiknowledge. com

## 3.1.2 PubMed 数据库

PubMed 是美国国家医学图书馆（National Library of Medicine，NLM）所属的国家生物技术信息中心（NCBI）开发的因特网生物医学信息检索系统，位于美国国立卫生研究院（NIH）的平台上。该系统通过网络途径免费提供包括 MEDLINE 在内的自 1950 年以来全世界 70 多个国家 4300 多种主要生物医学文献的书目索引和摘要，并提供部分免费和付费全文链接服务。

MEDLINE 是美国国家医学图书馆建立的国际性综合生物医学信息书目数据库，是当前国际上最权威的生物医学文献数据库。内容包括美国《医学索引》（*Index Medicus*，*IM*）的全部内容和《牙科文献索引》（*Index to Dental Literature*）、《国际护理索引》（*International Nursing Index*）的部分内容，涉及基础医学、临床医学、环境医学、营养卫生、职业病学、卫生管理、医疗保健、微生物、药学、社会医学等领域。MEDLINE 主要提供有关生物医学和生命科学领域的文献，数据可回溯到 1950 年。可通过主题词、副主题词、关键词、篇名、作者、刊文、ISSN、文献出版、出版年、出版国等进行检索。

WebSite：http：//www. ncbi. nlm. nih. gov/PubMed

## 3.1.3 Derwent 数据库

Derwent Innovation Index（DII）专利数据库由英国德温特公司与 ISI 公司合作开发的，基于 ISI 统一检索平台的，它收录了来自全世界 40 多个专利机构授权的 1460 多万项基本发明、3000 多万条专利，每周更新并回溯至 1963 年。并且德温特数据库自带统计工具，可以对国家、发明人、发明机构、国际专利分类号（international patent classification code）、德温特手工代码进行分析（derwent manual code）、德温特分类（derwent class code）等信息进行统计研究。

WebSite：http：//isiknowledge. com

## 3.1.4 CNKI 数据库

CNKI 中的中文期刊全文数据库是目前世界上最大的连续动态更新的中国期

刊全文数据库，以学术、技术、政策指导、高等科普及教育类为主，同时收录部分基础教育、大众科普、大众文化和文艺作品类刊物，内容覆盖自然科学、工程技术、农业、哲学、医学、人文社会科学等各个领域。截至 2014 年 2 月，收录国内 8030 多种学术期刊，部分期刊回溯至创刊。

WebSite：http：//www. cnki. net

### 3.1.5 CSSCI 数据库

中文社会科学引文索引（CSSCI）数据库由南京大学中国社会科学研究评价中心开发研制，用来检索中文人文社会科学领域的论文收录和被引用情况，依据文献计量学规律，采取定量与定性相结合的方法从全国 2700 余种中文人文社会科学学术性期刊中精选出学术性强、编辑规范的期刊作为来源期刊。目前收录包括法学、管理学、经济学、历史学、政治学等在内的 25 大类的 500 多种学术期刊，现已开发 CSSCI 16 年度（1998～2013 年）数据，来源文献近 120 余万篇。

WebSite：http：//www. cssci. com. cn

### 3.1.6 Scopus 数据库

Scopus 于 2004 年 11 月正式推出，是目前全球规模最大的文摘和引文数据库。Scopus 涵盖了由 5000 多家出版商出版发行的科技、医学和社会科学方面的 18 000 多种期刊，其中同行评审期刊 16 500 多种。相对其他单一的文摘索引数据库而言，Scopus 的内容更加全面、学科更加广泛，特别是在获取欧洲及亚太地区的文献方面，用户可检索出更多的文献数量。Scopus 与 SCI 及其他几大国外数据库相比，收录了更多的亚洲文献和本地期刊文献，收录范围更加呈现出本土化趋势和各地区文献覆盖率均衡化趋势。数据库中超过 60%的期刊来源于美国以外的国家和地区，而亚洲期刊的比例为 10%，其中中国期刊占 27%。通过 Scopus，用户可以检索到 1966 年以来的近 4000 万条摘要和题录信息，以及 1996 年以来所引用的参考文献。

WebSite：http：//www. scopus. com

### 3.1.7 Google Scholar 数据库

Google Scholar 是 Google 公司于 2004 年年底推出的专门面向学术资源的免费搜索工具，能够帮助用户查找包括期刊论文、学位论文、书籍、预印本、文摘和技术报告在内的学术文献，内容涵盖自然科学、人文科学、社会科学等多种学科。Google Scholar 不仅从 Google 收集的上百亿个网页面中筛选出具有学术价值的内容，而且最主要的方式是通过与传统资源出版商的合作来获取足够的有学术价值的文献资源。目前，Google 公司与许多科学和学术出版商进行了合作。他们已经与学术、科技和技术出版商，如 ACM、Nature、IEEE、OCLC 进行了广泛的合作。这种合作使用户能够检索特定的学术文献，Google Scholar 提供的数据来自学术著作出版商、专业性社团、预印本、各大学及其他学术组织的经同行评论的文章、图书和摘要。

Google 学术搜索按相关性对您的搜索结果进行排序。最有价值的参考信息会显示在页面顶部。Google 排名技术会考虑到每篇文章的完整文本、作者、刊登文章的出版物以及文章被其他学术文献引用的频率。

WebSite：http：//scholar. google. com

### 3.1.8 arXiv. org 数据库

arXiv. org 是一个收录科学文献预印本的在线数据库，目前包含了超过 60 万篇文章，并且以每个月 5000 篇的速度增长着。目前，这个数据库包含数学、物理、计算机、非线性科学、定量生物学、定量财务以及统计学几大分类。其最重要的特点就是“开放式获取”，每个人都可以免费地访问全文数据

arXiv. org 最初创立于 1991 年，高能物理学家们很快就接受了这种新的交流方式，并积极地参与进来。随后，arXiv. org 很快曼延到天体物理、凝聚态物理等其他领域。

WebSite：http：// arXiv. org

### 3.1.9 ADS 数据库

美国国家航空和宇宙航行局天体物理学数据系统（NASA Astrophysics Data System，ADS）由 NASA（美国国家航空和宇宙航行局）创建，包含三个类数据，共 850 多万数据条目，三类数据分别是天文学与天文物理学、物理学、和 arXiv 预印本。ADS 中的数据大部分是书目，并且其中大部分的天文学著作可以提供全文阅读。

WebSite：http：//adswww. harvard. edu

### 3. 1. 10 NSF Awards

美国国家科学基金会（NSF）是一个由国会在 1950 年成立的独立的联邦机构，主要目的是来推动科技进步，促进国民健康、繁荣、福利，保证国防等，年度财政预算为 6. 9 亿美元（2010 年），主要资助数学、计算机科学、社会科学领域。

WebSite：http：//www. nsf. gov/awordsearch

## 3. 2 数据预处理

CiteSpace 软件对数据格式的要求是以 WoS 数据库的文本数据格式为标准，并随着 ISI 数据库中数据格式的变化而不断更新。

CiteSpace 中下拉菜单“Data→Filter”为数据预处理功能，此功能可以对 WoS 数据格式的数据集进行筛选处理，筛选主要从以下四个角度：学科分类、机构、被引频次、文档类型，运行 Filter 功能后，CiteSpace 提示选择要处理的数据文件，选定文件后，软件会自动弹筛选功能选项，依次弹出学科分类、机构、被引频次和文档类型的筛选选项，以下为四个筛选选项的具体操作。

学科分类筛选：可根据给定的学科分类从数据集中筛选属于此类的文本数据，如可以从数据集中选择属于“COMPUTER SCIENCE”“BUSINESS ECONOMICS”等学科的文本数据，具体选定时，不同学科间用“;”间隔。如果不需要对学科分类进行筛选，可以直接跳过此步骤，进行下一步的作者机构筛选。

机构筛选：可以根据数据集中文献作者所属的机构的文献进行筛选，可选择多个机构进行筛选，多个机构间用“;”间隔。如果不需要进行作者机构筛选，也可以直接跳过此步骤，进行下一步的被引频次筛选。

被引频次筛选：通过设定文献的被引频次阈值，删除低于阈值的文献，如需保留所有文献，可以将阈值设定为“0”或负值。

文档类型筛选：WoS 数据库中的文献涉及多种文献类型，如“article”“review”等，可以通过选定文献类型来保留所要分析的文献类型。

通过以上筛选操作后，CiteSpace 将满足筛选条件的文献重新保存，以便用户进行下一步操作分析。

## 3.3 数据转换器和内置数据库

CiteSpace 软件提供了 WoS 数据库和 PubMed 数据库处理功能，同时还提供了对其他数据库数据转换的转换器功能，由于 CiteSpace 软件对每篇文档都有固定的格式要求，要想处理其他数据库来源的数据必须要进行数据格式的转换。在 CiteSpace 软件下拉菜单“Data→Import/Export”功能下，提供了内置数据库和 9 个数据库转换器功能（图 3-1）。

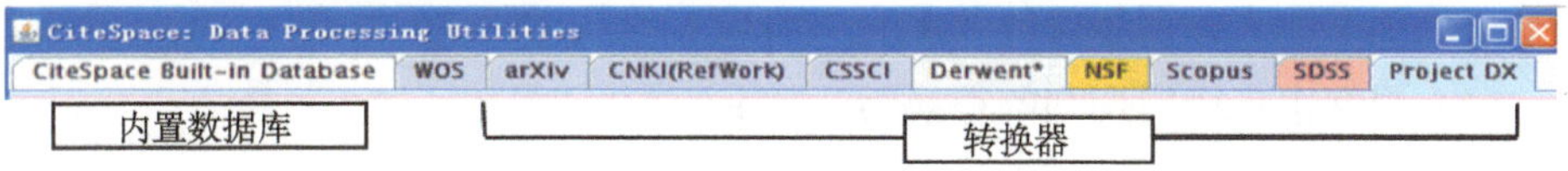


图 3-1　CiteSpace 数据处理界面

### 3.3.1 数据转换器

CiteSpace 提供 9 个数据转换器，即 WoS、arXiv、CNKI、CSSCI、Derwent、NSF、SCOPUS、SDSS、Project DX。

#### 1. WoS 数据转换器

主要实现了 WoS 数据中的重复数据去除功能和将文档制表符转化为 CiteSpace 处理的标准格式，同时提供了将 WoS 数据格式转换为 Jigsaw 和 Carrot2 这两款可视化工具所需要的格式。

### 2. arXiv 数据转换器

提供了在线下载功能，可以将数据通过 CiteSpace 软件直接下载后转换为 CiteSpace 软件处理格式。

### 3. CNKI 数据转换器

是针对中文数据库 CNKI 设计的数据转换接口，CNKI 数据库下载数据时提供多种数据保存格式，此转换器只识别采用“Refwork”方式保存的数据。下载后的数据可通过 CNKI 转换器处理后直接使用 CiteSpace 软件处理，但 CNKI 数据库中的引文数据未完全开放，因此此转换器没有提供引文处理功能。

### 4. CSSCI 数据转换器

针对中文数据库 CSSCI 设计的数据转换接口。CSSCI 数据下载格式为 ANSI 编码，英文系统识别不了。刘盛博做了一个格式转换程序，对 CSSCI 原引文数据做了如下处理：

（1）删除所有包含 http://的网络引文信息；

（2）删除所有为标明作者的引文信息；

（3）引文中未标明年份的替换为“2020”；

（4）引文中未标明期刊的替换为“N”；

（5）引文中出现在标题中的“:”替换为“”；

（6）引文中出现在作者名中的“,”替换为“”；

（7）引文中书籍的刊名用“N”代替；

（8）引文中英文作者后面出现的“.”删除。

经过转换处理后的文件可直接采用 CiteSpace 处理。具体操作步骤如图 3-2 所示。

### 5. Derwent 数据转换器

实现了专利数据格式转换，将专利数据格式转化为 WoS 格式。在转换过程中，将德温特分类代码存放在 WoS 数据格式中的关键词字段，手工分类号放在 WoS 数据格式中的领域类别字段，专利申请日期放在年份字段。可进行的分析包括德温特分类号共现、手工分类号共现、主题词共现、专利共被引等。

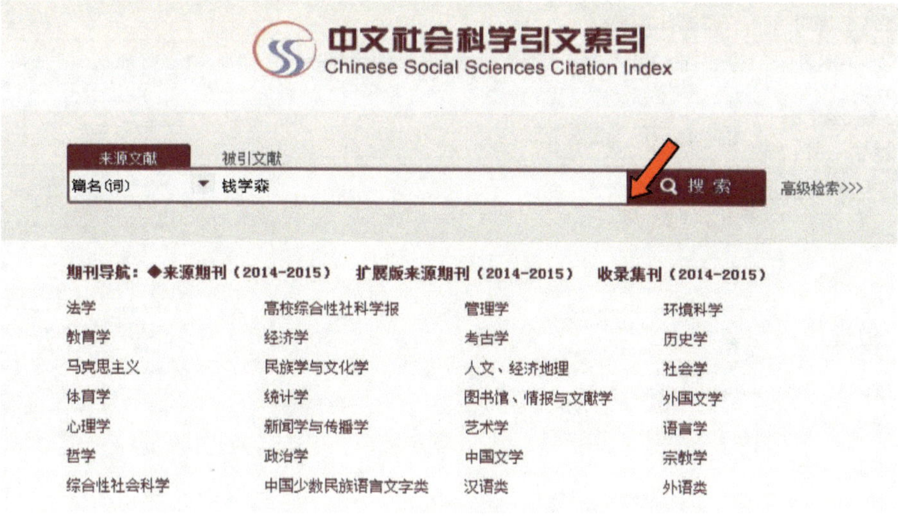


a. CSSCI 主页

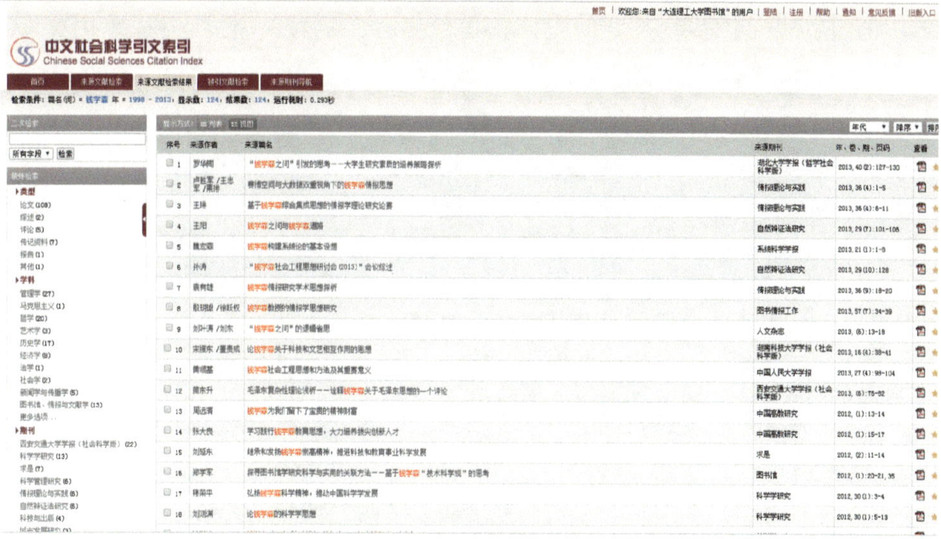


b. CSSCI 检索结果

图 3-2 CiteSpace 处理 CSSCI 中文数据的操作步骤

c. 选定要下载的文献，点击检索页面底端的 下载 按钮

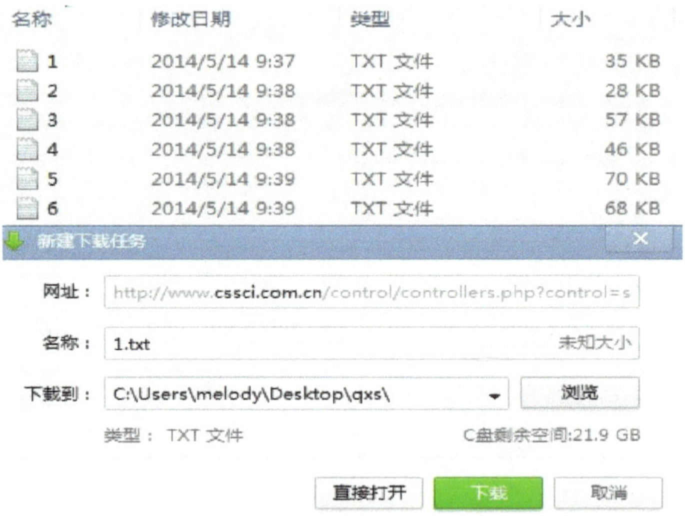


d. 将数据保存到指定文件夹

图 3-2 CiteSpace 处理 CSSCI 中文数据的操作步骤（续）

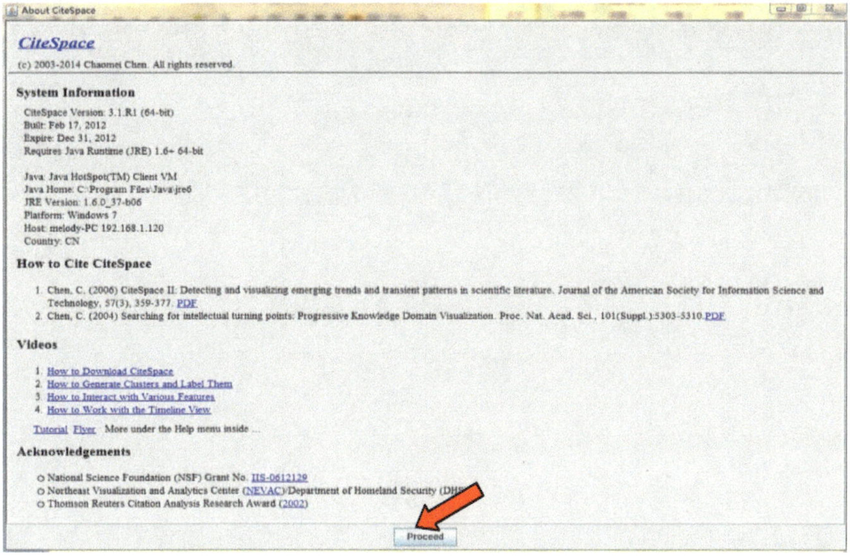


e. 启动 CiteSpace

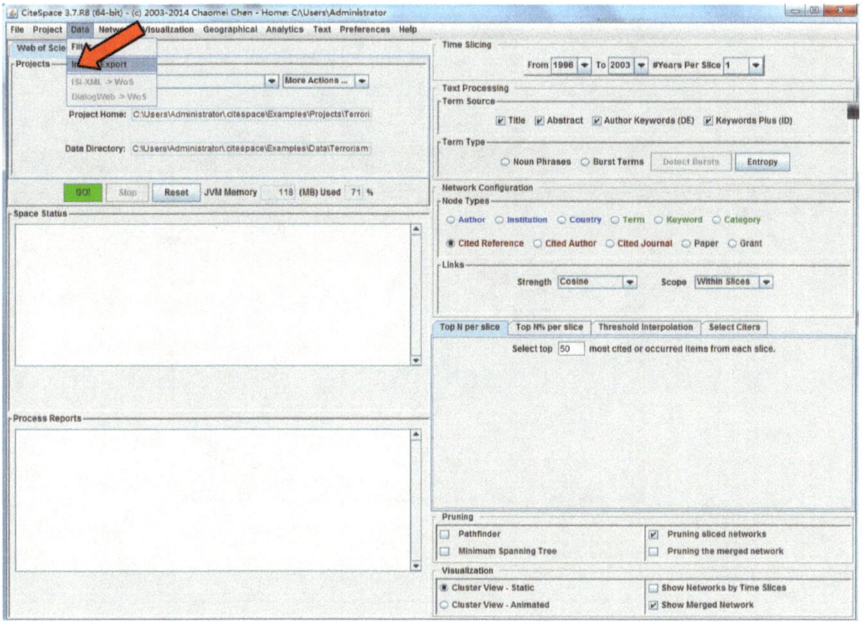


f. 点击下拉菜单“Date→Import/export”

图 3-2 CiteSpace 处理 CSSCI 中文数据的操作步骤（续）

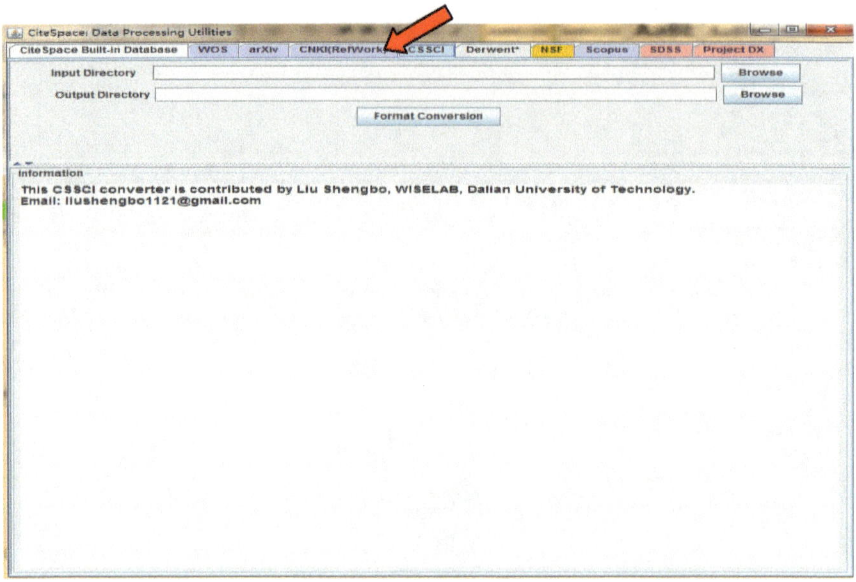


g. 点击 CSSCI 按钮

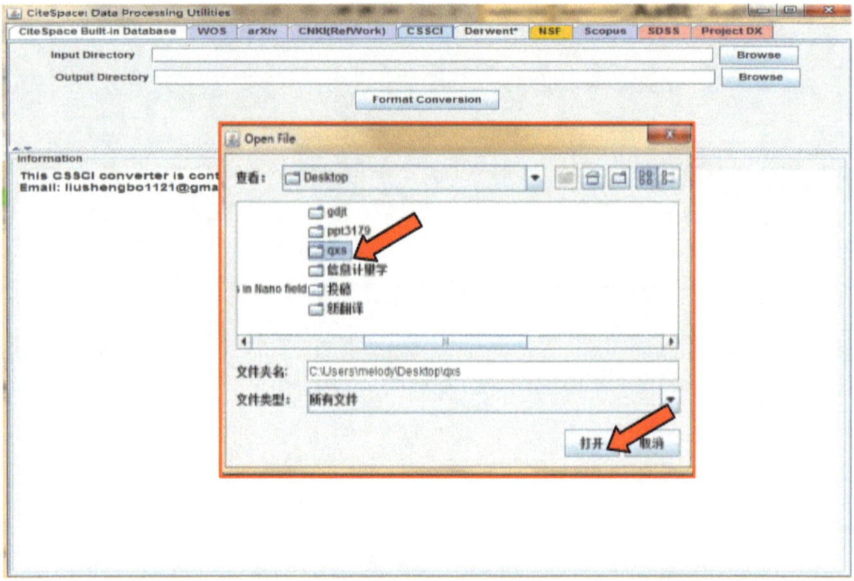


h. 点击 “ Input Directory” 对应的 Browse 按钮导入已下载数据

图 3-2　CiteSpace 处理 CSSCI 中文数据的操作步骤（续）

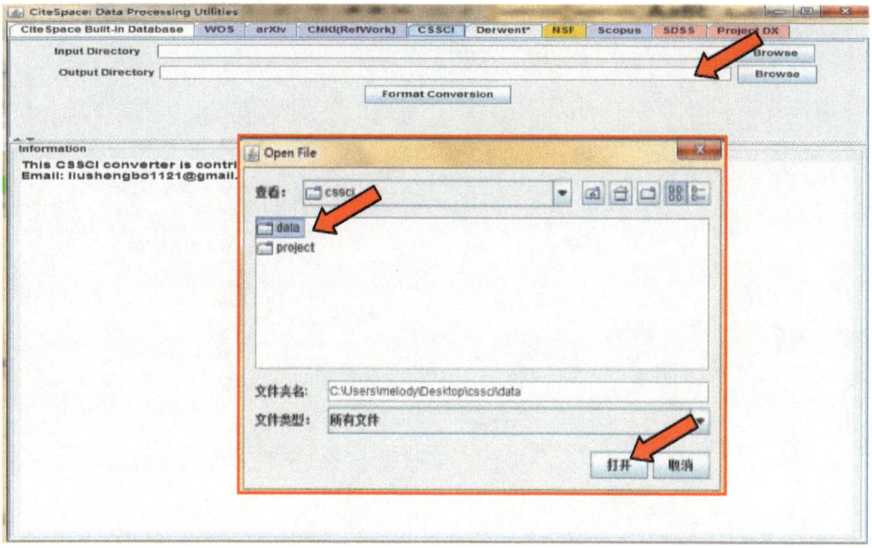


i. 点击“Output Directory”对应的Browse按钮链接数据导出文件夹

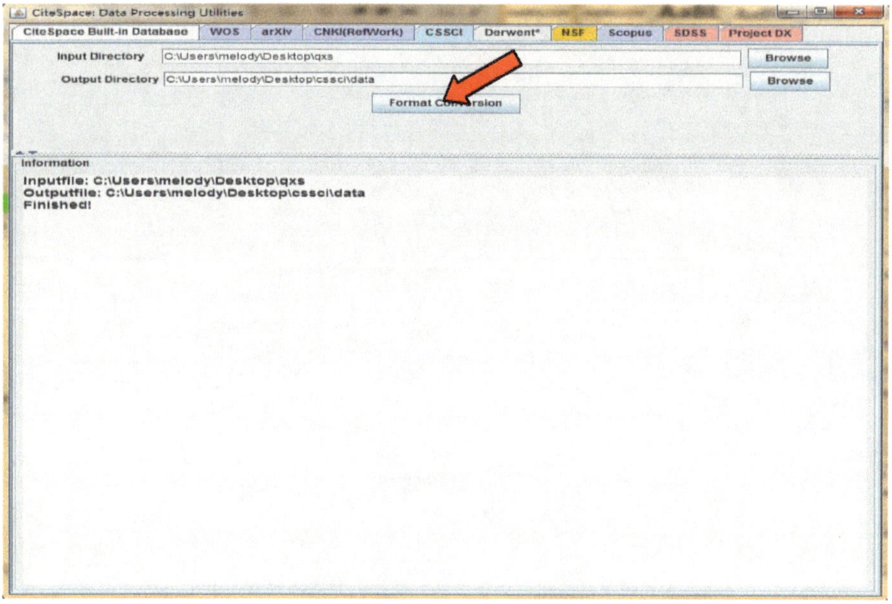


j. 点击Format Conversion按钮

图 3-2 CiteSpace 处理 CSSCI 中文数据的操作步骤（续）

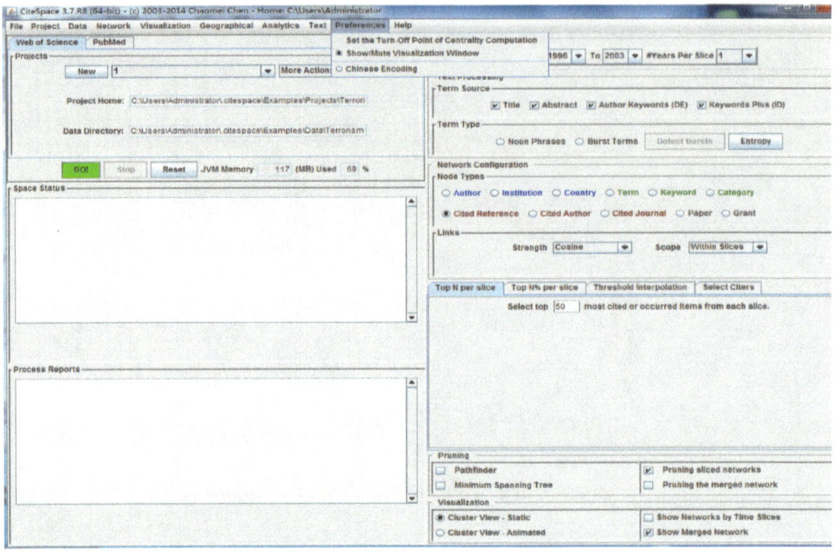


k. 回到 CiteSpace 运行主页面。在下拉菜单“Preferences→Chinese Encoding”中设置中文编码；创建新项目

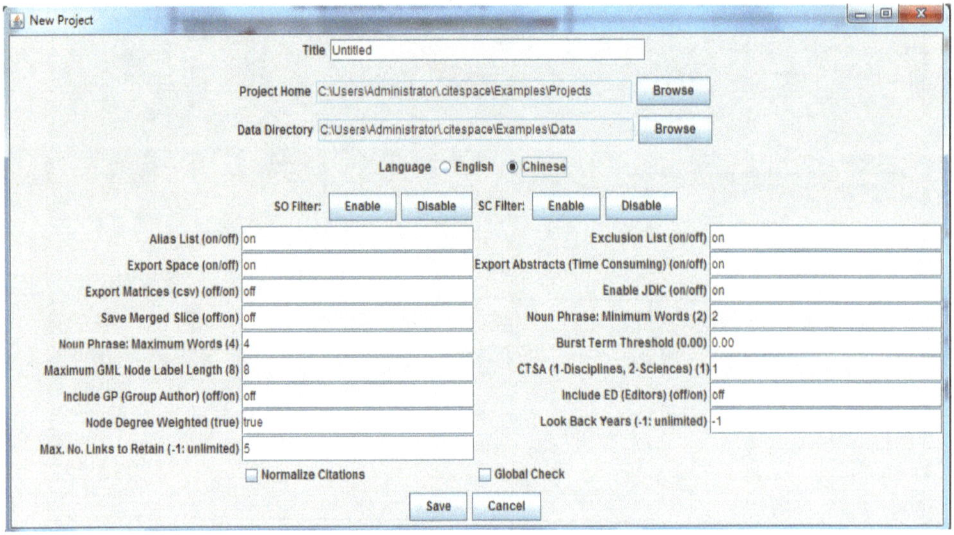


l. 在创建新项目的弹出菜单中进行操作，并选择语言为中文

图 3-2 CiteSpace 处理 CSSCI 中文数据的操作步骤（续）

### 6. NSF 数据转换器

可以针对来源于 research. gov 和 www. nsf. gov 两个数据库下载的文件进行转化，两个数据库下载文件格式分别以 *. xlsx 和 *. xml 形式保存，NSF 转换器可将这两种格式分别转换成 WoS 格式处理。

### 7. Scopus 数据转换器

主要针对 Scopus 数据库中下载的 CSV 格式数据进行转化，并且在此转换器界面中还提供了一个由 loydesdorff 提供的 Scopus 转换器。

在 Scopus 软件中，将检索结果下载成 CSV 格式文件，打开下载后的 CSV 文件，另存为制表符分隔的 . txt 文本文件，文件名必须以 download 开头，将文件保存到一个文件夹中。例如，建立一个 scopus 文件夹，在此文件夹中再建立一个 input 子文件夹和 output 子文件夹，将刚才的 download. txt 文件放入 input 文件夹中。

在 CiteSpace 软件中，在菜单栏的 Data 菜单中打开 "Import/Export"，会弹出一个窗口。选择 "Scopus" 选项卡，在 "Input Directory" 中设置刚才创建的 scopus/input 为输入数据文件夹。在 "Output Directory" 设置 scopus/output 为输出文件夹。然后点击 Convert Scopus complete format (csv) to ISI Export format ，完成数据转换。如图 3-3 所示。

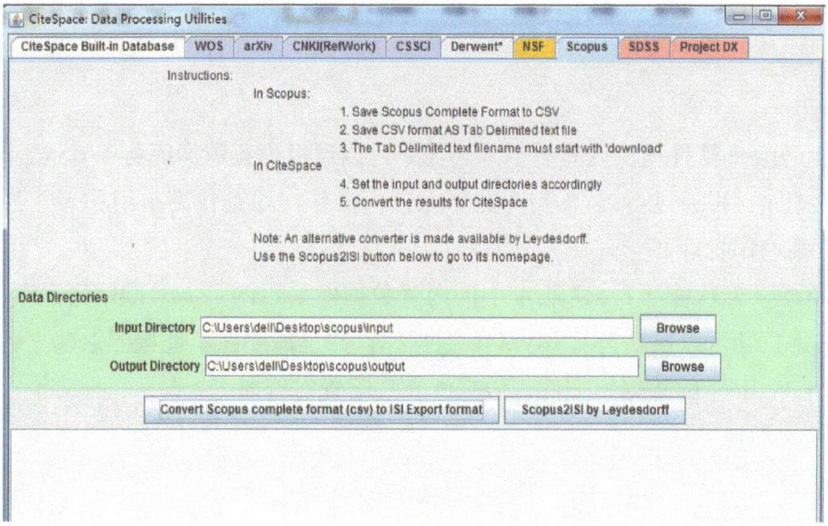


图 3-3 CiteSpace 软件的 Scopus 数据转换工具

CiteSpace 还提供了另外一种数据转换的选择。点击图 3-3 中下方的 Scopus2ISI by Leydesdorff 按钮，进入到荷兰阿姆斯特丹大学雷迭斯多夫（Loet Leydesdorff）教授的个人网站 http：//www. leydesdorff. net/scopus/index. htm。雷迭斯多夫教授编写了两个程序专门用于将 Scopus 数据转换成 ISI 的格式，转换后的数据可以在 CiteSpace 中运行。这两个程序分别是 Scopus. exe 和 Scop2WOS. exe。将这两个程序放在同一个文件夹中，需要注意的是，从 Scopus 数据库下载数据的时候，必须将数据下载成 RIS 格式，数据命名为 scopus. ris。首先运行 Scopus. exe 程序，然后运行 Scop2WOS. exe 程序，运行完后得到 wos. txt 文件，即为可以被 CiteSpace 运行的最后结果。

#### 8. SDSS 数据转换器

提供了数据检索、数据下载功能，同时可以将下载后的文件转化为 WoS 格式，可用 CiteSpace 直接处理。

#### 9. Project DX 数据转换器

实现的是将月份数据整合为年份数据，数据输入要求包含两个文件，一个是带有年月份信息的节点信息文件，另一个是包含两个节点连线信息的边信息文件。

### 3.3.2 内置数据库

CiteSpace 软件提供内置数据库功能，可以通过内置数据库将 WoS 数据直接导入数据库，再通过 SQL 语句对数据库进行操作，如查找高被引作者、高被引文献、高产作者等。

CiteSpace 软件 3. 8. R7 版本中的内置数据库采用的是 MySQL 数据库技术，要求本地机器可以成功运行 MySQL 数据库，并且需要在本地机器上建立一个名为“mysql. ini”的数据库文件，数据库文件配置实例如下：

*host localhost*

*user root*

*pass mypassword*

其中，host 和 localhost 之间不是空格，是“Tab”，其具体保存在 C：\ Documents and Settings \ Administrator \ . citespace 文件夹下，而后导入的数据文件信息都将存储于在此数据库中。图 3-4 为内置数据库操作界面，此界面可以划分为三部分：最上部分是功能菜单，中间部分为工程信息，最下面部分为 SQL 语句查询。

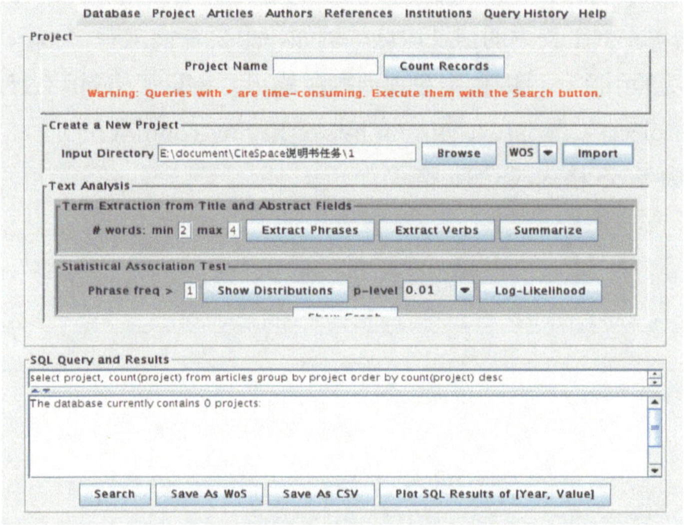


图 3-4　内置数据库界面

功能菜单中包含 8 个功能选项，各个功能选项介绍如下：

“Database”包括了数据库连接功能、数据库中工程数量查询、每个工程中的基本信息统计、每个工程中所包含的数据表结构。

“Project”统计工程中包含的基本信息，包括文章数、作者数、关键词数等；按年份统计每年文章数；编辑记录信息；导入导出 WoS 格式数据；删除工程。

“Artivles”查找某一工程中前十条记录、统计高被引的文献（根据 WoS 数据中给出的 TC 记录统计）。

“Authors”统计高产作者、高被引作者。

“References”统计高被引文献（根据数据集中参考文献被引频次统计）。

“Institutions”统计高产机构。

“Query History”保存查询记录、查看查询记录。

“Help”为帮助文件。

工程信息部分中包含创建工程、统计工程中记录信息和工程中文本分析三项功能，其中创建工程和统计工程记录信息功能也可以通过菜单中的“Project”实现。工程中文本分析是对工程记录中的标题和摘要中的名词短语或动词进行抽取，并统计短语的分布情况。

SQL 语句查询部分为用户提供 SQL 语句查询功能，用户可以直接在此部分采用 SQL 语句查询工程中的记录信息。例如，想要查询工程“context”中被引频次大于 5 次的引文，可以直接在查询栏中输入“Select count（ref），ref from refs where project＝“context” group by ref having count（ref）＞5 ”，查询结果可以保存为 WoS 格式或 CSV 格式。

# 4 网络模型

# 4.1 分析对象的选择

CiteSpace 运行生成的可视化图谱为网络图，分析的对象可以针对施引文献和被引文献，形成的网络图中的节点会因不同的分析项目而代表不同的含义。图 4-1 显示了对象分析功能面板。

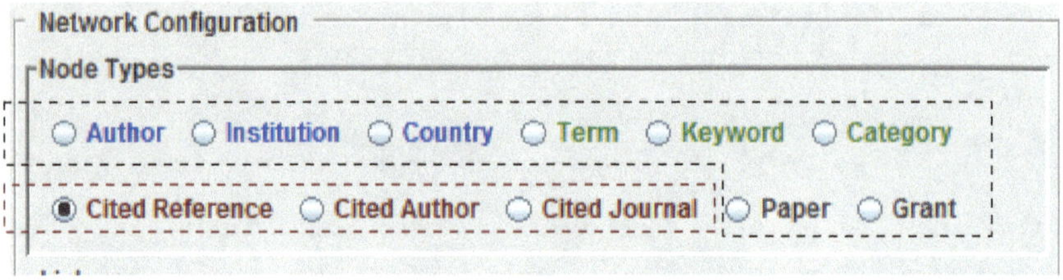


图 4-1 对象分析功能面板

（黑色虚框内的是针对施引文献，红色虚框内的是针对被引文献）

## 4.1.1 施引文献

施引文献也称原文献，通常我们直接在 WoS 中检索的数据都是施引文献，施引文献中包含了文章作者、机构、国家、标题、关键词、学科类别、基金等信息。

“Author”为作者合作分析功能。分析对象为文档中的“AU”字段，运行结果为作者合作网络，CiteSpace 软件给出的合作网络中，包含了各个作者在网络中的重要性指标及网络属性。

“Institution”为机构合作分析功能。分析对象为文档中的“C1”字段，运行结果为作者机构合作网络，通过对合作网络分析，可以得到各个领域中的研究力量布局。

“Country”为国家合作分析功能。分析对象也为文档中的“C1”字段，运行结果为国家合作网络，通过对合作网络分析，可以得到各个国家间的合作领域分布及合作强度。

“Term”为词共现分析功能。CiteSpace 软件中的 Term 表示文章中的标引词，Term 来源可以来自文章标题、摘要及关键词部分，CiteSpace 软件运行过程中如果采用 Term 词标识，需要在面板“Term Source”模块下选择 Term 的来源，可以选择一个来源，也可选择多个来源，分析对象在文档中对应的字段分布为“TI”“AB”“DE”“ID”四个字段，使用 Term 分析要比关键词分析更深入到文本内容，反映出来的信息也更全面。

“Keyword”为关键词共现分析功能。分析对象为文档中的“DE”和“ID”字段，得到结果为关键词共现网络，此网络可以反映出某一领域当前研究热点及过去产生过哪些热点研究。

“Category”为学科共现分析功能。用于交叉学科的分析。分析对象为文档中的“SC”字段，通过构建学科关联网络，可以揭示出各个学科间的内在联系。

“Paper”为文献耦合分析功能。分析施引文献之间的耦合关系，即两篇文献引用了相同的一篇或多篇参考文献，得到结果为文献耦合网络。

“Grants”为基金分析功能。分析文献的基金资助情况，得到的结果为资助基金的共现网络。WoS 数据库从 2008 年开始补充了资助基金的数据，因此只有 2008 年以后的文献可以进行此分析。

### 4.1.2 被引文献

被引文献即为别人引用的文献，这些文献通常具有较高质量才能被别人多次引用，文献中包含作者、标题、期刊、年份等内容。CiteSpace 软件提供了对共被引文献进行分析的功能，分析对象为文档中的“CR”字段。CiteSpace 提供了对引文数据的详细分析，包括作者被引频次、期刊被引频次及文献被引频次（这三部分均可在内置数据库中操作），另外还包括对引文的共被引分析，分为文献共被引、作者共被引和期刊共被引。

“Cited Reference”为文献共被引分析功能。参考文献共被引是指两篇参考文献被同一篇文献引用的现象，通过分析共被引网络中的聚类及关键节点，可以揭示出某个研究领域的知识结构，CiteSpace 还能以独特的方式表示研究前沿和知识基础、研究前沿的演变，以及在演变过程中起到关键作用的文献。

“Cited Author”为作者共被引分析功能。作者共被引是指两个作者共同被其他文献引用的现象，CiteSpace 软件计算作者共被引时只考虑第一作者共被引情况，并且同一作者在一篇文献中被引多次也按一次计算。通过计算共被引作者关系，可以得到作者共被引网络图，图中可以揭示出某个研究领域的学术共同体。

“Cited Journal” 为期刊共被引功能。期刊共被引是指两本期刊被同一篇文献引用的现象，期刊共被引所反映的是各类期刊及学科间的关联性，通过期刊共被引分析可以获得某个研究领域的知识基础分布。

## 4.2 阈值设置

在实现可视化之前，需要完成时间阈值、连线阈值、节点阈值的选择或设置。

### 4.2.1 时间阈值

时间切片是在 “Time Slicing” 模块下实现的（图 4-2），通过 “From…To” 选择起止时间，通过 “Years Per Slice” 选择时间区间。

图 4-2　选择两年为一个时间切片（1996～2003 年）

CiteSpace 提供了熵作为各时间段的宏观指标来衡量网络的有序性与无序性，点击右侧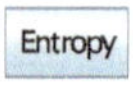

即可得到各时间段的熵值变化曲线。

### 4.2.2 连线阈值

CiteSpace 的分析对象数据之间（即图谱中的边）的连接强度，有三种计算方法可以选择。

(1) 夹角余弦距离（Cosine），即

$$\text{Cosine}(x,y)=\frac{XY}{\| X\| \ \| Y\|}=\frac{C_xC_y}{\sqrt{(\sum\limits_{i=1} C_{xi})^2(\sum\limits_{i=1} C_{yi})}} \tag{4-1}$$

(2) Jaccard 距离

$$\text{Jaccard}(x,y)=\frac{| X\cap Y |}{| X\cup Y |}=\frac{CC_{xy}}{C_x+C_y-C_{xy}} \tag{4-2}$$

(3) Dice 距离

$$\text{Dice}(x,y)=\frac{2\mid X\cap Y\mid}{\mid X\mid+\mid Y\mid}=\frac{2CC_{xy}}{C_x+C_y} \tag{4-3}$$

在 Citespace 中，默认的连接强度计算方法为夹角余弦距离。

## 4.2.3 节点阈值

如果数据量过多，可视化的图谱过于庞大或杂乱，那么就需要进行阈值设置，对数据进行筛选，以去除冗余信息，使图谱展示更加清晰。对于数据的筛选，CiteSpace 提供了四种策略（表 4-1）。

**表 4-1 四种数据筛选策略**

| | 选择策略 | 节点选择界面 | 含义 |
|---|---|---|---|
| 1 | Top N per slice | 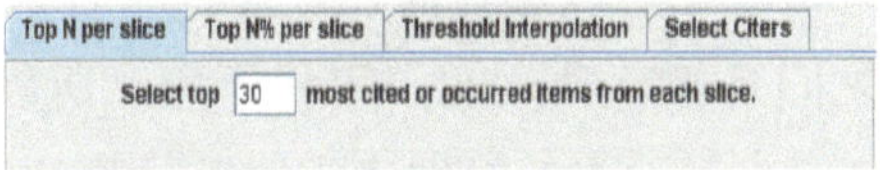 | 选择每一时间段中被引频次或出现频次最高的 30 个节点数据 |
| 2 | Top N% per slice | 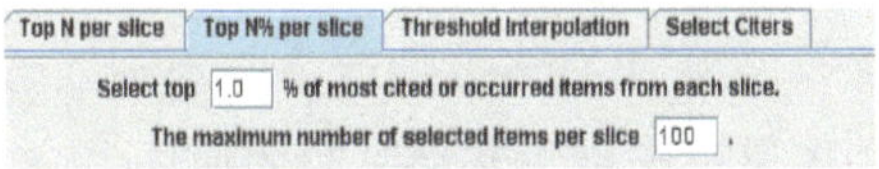 | 选择前 1%个，但少于 100 个高被引或高频出现的节点数据 |
| 3 | Threshold Interpolation | 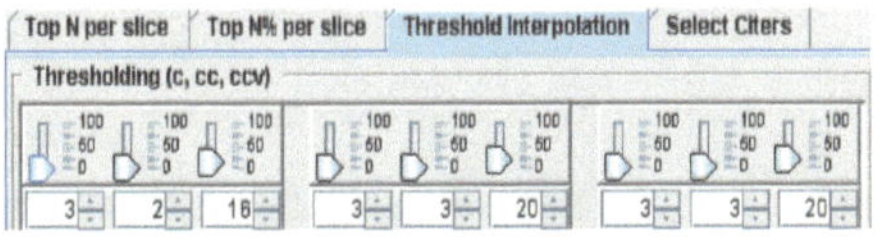 | 按照（3，2，16）、（3，3，20）、（3，3，20）设置的阈值选择节点数据 |
| 4 | Selecting Citers | 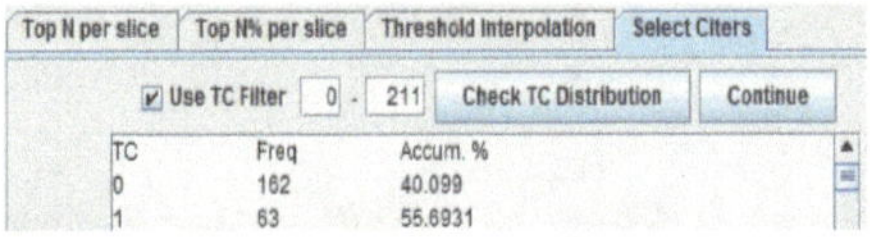 | 选取被引频次在某一区间的节点数据 |

若选择每一时间段中前 $N\%$ 的数据，需将数据数量限制在 $M$ 个，即如果 $N\%$ 的数据超过 $M$，则只取前 $M$ 个数据。若通过（c，cc，ccv）的设置来筛选数

据，需要对数据在时间维度上进行前、中、后三个时间段的阈值设置，CiteSpace 在运行过程中通过线性插值的方法对各个时间段进行阈值控制。最后一种筛选策略是对第一种策略的补充，点击 Check TC Distribution 可以得到文献被引频次的分布，TC 指被引频次，Freq 指某一频次数对应的文献数量，Accum. % 指所占的累积百分比。如数据的第二行表示在所有数据中被引次数等于 1 的文献有 63 篇，小于或等于 1 的文献占样本空间的 55.6931%；然后点击 Continue 进入第一种策略，在已经筛选过的数据中选取前 $N$ 个数据。

## 4.3 网络修剪

Citespace 提供了两种网络修剪的方法，即寻径和 MST。寻径的作用是简化网络并突出其重要的结构特征，它的优点是具有完备性（唯一解）；MST 算法的优点是运算简捷，能很快得到结果。经过 MST 算法和寻径算法处理后的图谱，较原始图谱相比图谱更清晰简洁，但丢失一些节点信息，而寻径算法保留了更多的结构信息（图 4-3）。此外，CiteSpace 的图谱是由一个网络序列（每一时间片段的网络）合并后产生的网络，既可以选择简化序列中的每个网络（pruning sliced networks），也可以选择简化最终合成的综合网络（pruning merged networks），二者之间是相互独立的，不相矛盾，所以可以复选。可以根据具体情况在对话框中勾选不同方案对图谱进行修剪，系统默认的是 MST 算法和 pruning sliced networks。实际上在多数情况下并不需要选择寻径算法对图谱进行修剪，只有在得到的图谱过于庞大和混乱时才使用。

a. 原图　　b. 最小生成树图谱　　c. 寻径图谱

图 4-3　MST 剪枝图谱与寻径剪枝图谱的比较[15]

### 4.3.1 最小生成树算法

最小生成树指在一个网络图谱 $G=(V,E)$ 中，任意的顶点 $u$，$v\in V$，$w(u,v)$ 表示边 $(u,v)\in E$ 的权重，若存在一个生成子图 $T=(V,TE)$，$TE\subseteq E$，且 $T$ 无圈，使得 $T$ 的权重 $w(T)=\sum_{(u,v)\in TE} w(u,v)$ 最小，则 $T$ 为 $G$ 的最小生成树。

最小生成树的图谱修剪方法就是通过构造网络图谱的最小生成树来简化网络。也就是在网络图谱中，构造一个能够包含所有顶点，无圈且权值最小的子网络。构造最小生成树的最常见方法有两种：普里姆（Prim）算法和克鲁斯卡尔（Kruskal）算法[15]。

普里姆算法是从某一个顶点 $u_0\in V$ 出发，初始时刻令 $U=\{u_0\}$，$TE=\{\}$，然后重复执行：在所有的 $u\in U$，$v\in V-U$ 的边 $(u,v)\in E$ 中找到权值最小的边 $(u_k, v_k)$ 并入 $TE$，并将 $v_k$ 并入 $U$，直至 $U=V$ 为止，得到最小生成树 $T=(V, TE)$。

克鲁斯卡尔算法恰恰相反，假设初始时刻有一个只有 $n$ 个顶点的无边子图 $T=(V;\{\})$，然后从 $E$ 中选择权值最小的边，若该边依附的顶点落在 $T$ 的不同连通分量上，则将该边加入 $T$ 中，否则舍弃该边而选择下一条权值最小的边，以此类推直至 $T$ 中所有顶点都在同一连通分量上，得到最小生成树 $T=(V, TE)$。

### 4.3.2 寻径网络算法

寻径网络算法是美国心理学家 R. W. Schvaneveldt 等于 1989 年提出的用来分析数据相似性的一个模型。它根据经验性的数据，对不同概念或实体间联系的相似或差异程度做出评估，然后应用图论中的一些基本概念和原理生成一类特殊的网状模型。该算法对一个复杂网络中衡量数据相似性的关系进行了简化，检查所有数据之间的关系，在所有可能的两点路径中只保留最强的连接，从而建立数据间最有效连接的路径。最终结果是将数据以及数据之间的关系表达成一个图，图中节点表示数据，边表示数据之间的关系。

图形 $G(V,E)$ 中，$V$ 是一组顶点（或节点）$\{N_1, N_2, \cdots, N_n\}$，$E$ 是一组

由 $V$ 中的一对顶点（或节点）连接而成的边。$|V|=n$ 代表 $V$ 中的节点数量。$E$ 中所有边之间的关联，可以在相邻的 $n*m$ 矩阵 $EG$ 中描述出来，如式（4-4）所示。

$$EG=\begin{bmatrix} e_{11} & e_{12} & \cdots & e_{1n} \\ e_{21} & e_{22} & \cdots & e_{2n} \\ \vdots & \vdots & & \vdots \\ e_{n1} & e_{n2} & \cdots & e_{nn} \end{bmatrix}, 1\leqslant i, j\leqslant n \tag{4-4}$$

$e_{ij}$是从节点 $N_i$ 和 $N_j$ 的一条边。如果 $N_i$ 和 $N_j$ 之间有一条边，那么相应的 $e_{ij}$等于 1，否则 $e_{ij}$就等于 0。设 $e_{ij}=0$，假设一个节点与其本身没有联系，它表明该矩阵的对角元素都等于零。常数 $n$ 是图形中的节点数量。如果图形是无向的，那么 $e_{ij}=e_{ji}$，因此，矩阵 $EG$ 关于对角线堆成。如果图形是有向的，公式 $e_{ij}=e_{ji}$就不成立，因此，对应的矩阵 $EG$ 不对称。

类似于矩阵 $EG$，加权矩阵 $W$ 定义了一个边 $e_{ij}$ 相关的权数 $w_{ij}$，如式（4-5）所示。

$$W=\begin{bmatrix} w_{11} & w_{12} & \cdots & w_{1n} \\ w_{21} & w_{22} & \cdots & w_{2n} \\ \vdots & \vdots & & \vdots \\ w_{n1} & w_{n2} & \cdots & w_{nn} \end{bmatrix}, 1\leqslant i, j\leqslant n \tag{4-5}$$

对角线上的 $w_{ij}$ 也都是等于 0。如果 $e_{ij}=0$，则 $w_{ij}=0$，即如果两个节点间没有任何联系，则权数为 0。

寻径网络是一个在原网络 $EG$ 的基础上的简化网络，它的节点数与原网络相同，但边的数量少于原网络。将寻径网络看做矩阵 $PF$，其中 $p_{ij}$ 是 $e_{ij}$ 的权数。

$$PF=\begin{bmatrix} p_{11} & p_{12} & \cdots & p_{1n} \\ p_{21} & p_{22} & \cdots & p_{2n} \\ \vdots & \vdots & & \vdots \\ p_{n1} & p_{n2} & \cdots & p_{nn} \end{bmatrix}_{n\times m}, 1\leqslant i, j\leqslant n \tag{4-6}$$

其中，$PF\subseteq W$。

网络中的路径是由几条相连的边组成的。例如，路径 $P=\{e_{ab}, e_{bc}, e_{cd}\}$ 是一个由三条边 $e_{ab}$，$e_{bc}$，$e_{cd}$ 构成的路径。路径的权数由闵可夫斯基 $r$ 计量法 (Minkawski Metric) 计算，如式（4-7）所示。

$$W(Path) = \left[\sum_{i=1}^{k} w_i^r\right]^{1/r}, r = 1,\cdots,\infty \tag{4-7}$$

其中，$w_i$ 是边 $i$ 的权数，$Path$ $\{e_1, e_2, \cdots, e_k\}$ 是一个路径，$\{w_1, w_2, \cdots, w_k\}$ 是该路径上的边的权数。参数 $r$ 的有效范围为 1～∞。参数 $r$ 决定路径权数。当 $r=1$ 时，该路径的权数是该路径上所有边的权数的总和；当 $r=2$ 时，路径的权数由欧几里得距离法来计算；当 $r=\infty$时，路径的权数等于最大边的权数。

当且仅当一个网络中的所有可能的路径权数都小于或等于参数 $q$，一个由闵可夫斯基计量法得出的 $q$ 三角才满足 $1/r$ 三角形不等原则，如式（4-8）所示。

$$W_{ag} \leqslant \left(\frac{m}{w_{ab}^r + w_{bc}^r + \cdots + w_{jg}^r}\right)^{1/2}, \ m=1, 2, 3, \cdots, q$$

$$m = L\ (e_{ab}, \cdots, e_{fg}) \tag{4-8}$$

PFNET 计算的三条规则：①任意点到其自身的距离为零。②对于边不具有方向性的网络，距离矩阵是对称的；对于边具有方向性的网络，距离矩阵是非对称的。③如果将网络中的节点作为一个独立的概念或实体对象，将节点间的边看做是概念间的联系，边的权值表示联系的差异程度，则根据该网络生成的 PFNET 剔除掉了不必要的节点联系，保证了把节点间最为密切的联系保留在 PFNET 中。

# 5 可视化交互

本章介绍可视化的交互，即怎样通过交互界面对生成的默认可视化效果图进行修改和美化。CiteSpace 提供的可视化是一种可交互的可视化，这意味着用户可以对生成的可视化图谱选择个性化的显示效果。在 CiteSpace 中，用户可以调节节点和标签的显示大小，以及选择一个合适的布局结构。

可视化的交互主要是通过调控面板来完成的（图 5-1）。为了方便用户的操作，CiteSpace 将最常用的调节选项放置在右侧的调控面板上，另外还有一些高级功能被放置在菜单“Display→”和“Layout→”里。

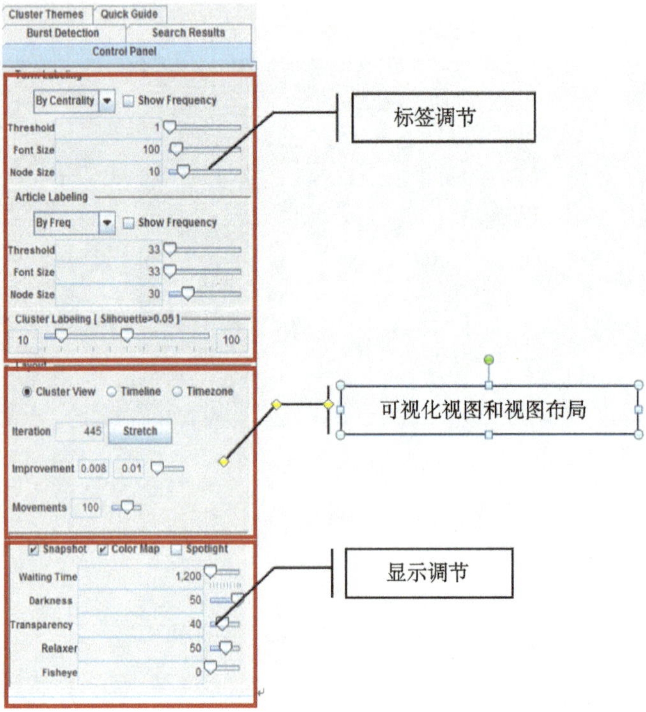


图 5-1 可视化调控面板

在右侧调控面板上，包括标签调节（包括“Term Labeling”“Article Labeling”“Cluster Labeling”）、布局调节及显示调节三个部分。

## 5.1 可视化视图

除默认视图外，CiteSpace 提供了三种可视化视图或布局方式：自动聚类标签视图、时间线视图和时区视图（图 5-2），它们多用于文献共被引分析。

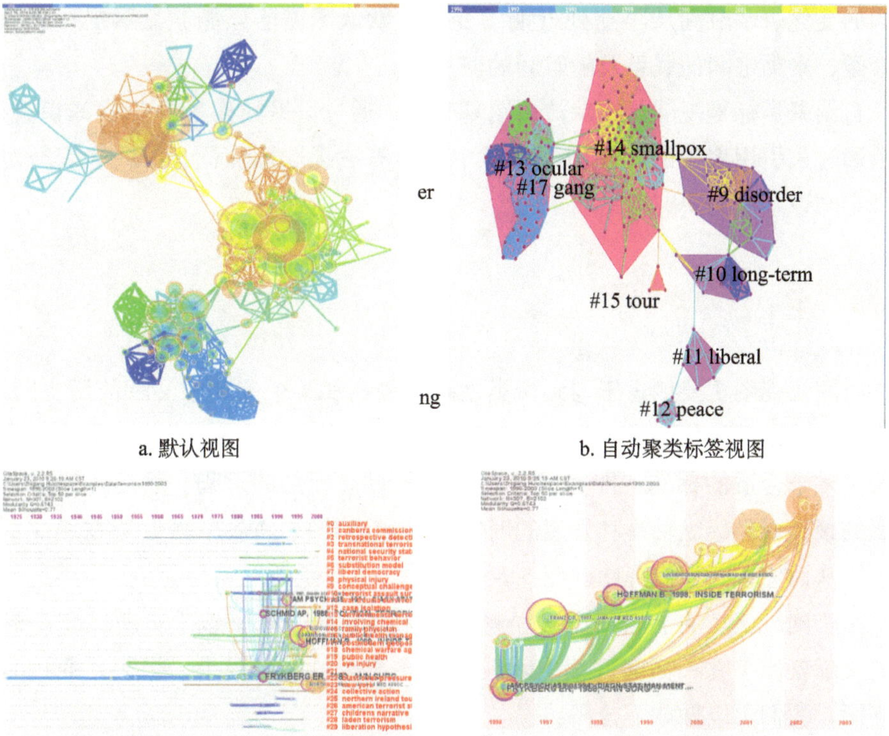


a. 默认视图　　b. 自动聚类标签视图

c. 时间线视图　　d. 时区视图

图 5-2　四种可视化视图

聚类视图（包括默认视图和自动聚类标签视图）从不同角度展示出研究领域的分布情况，而时区视图和时间线视图则更着重于描绘各个研究领域随时间的演变趋势和相互影响。可视化图谱的三种形式的切换按钮在可视化窗口右侧控制面板的中部（图 5-1）。

## 5.1.1 聚类视图

CiteSpace 生成的聚类视图，分为默认视图（图 5-2 a）和自动聚类标签视图（图 5-2 b）。

默认视图中的节点代表分析的对象，出现频次（或被引频次）越多，节点就越大。节点内圈中的颜色及厚薄度表示不同时间段出现（或被引）频次。节点之间的连线则表示共现（或共引）关系，其粗细表明共现（或共引）的强度，颜色则对应节点第一次共现（或共引）的时间。颜色从蓝色的冷色调到红色暖色调的变化表示时间从早期到近期的变化。默认图谱已经能够显示出形成的知识聚类、聚类之间的联系及随时间的演变。

自动聚类标签视图是在默认视图基础上，通过谱聚类算法[20]生成知识聚类，然后通过从引用聚类的相关施引文献中通过算法提取标签词，以此来表征对应于一定知识基础的研究前沿。

### 5.1.2 时间线视图

时间线视图主要侧重于勾画聚类之间的关系和某个聚类中文献的历史跨度。如果选择 Timeline 按钮后，CiteSpace 会首先对默认视图（网络）进行聚类，并给每个聚类赋予合适的标签，即完成自动聚类和自动标签的过程。然后，根据节点所属的聚类（坐标纵轴）和发表的时间（坐标横轴），将各节点设置在相应的位置上，从而生成时间线视图（图 5-2c）。

由于同一聚类的节点按照时间顺序被排布在同一水平线上，所以每个聚类中的文献就像串在一条时间线上，展示出该聚类的历史成果。因而，通过时间线视图，我们可以做如下分析：

(1) 在哪些年份，该聚类开始出现，即有了该聚类的第一篇参考文献；

(2) 在哪些年份，该聚类的成果开始增多；

(3) 在哪些年份，该聚类开始趋冷，关注度降低；

(4) 在整个聚类的发展过程中，在哪些年份出现了哪些标志性文献（如高被引文献、高中介性文献等），这些文献怎样影响着整个聚类的走势。

由于同一聚类被排布在同一水平线附近，所以聚类内部的共被引关系并不直观。相对于对聚类内部的相互关系的关注，时间线视图更加关注聚类之间的关系，即聚类之间的相互联系和相互影响需要，软件上标注出来的。

### 5.1.3 时区视图

时区视图是另一种侧重于从时间维度上来表示知识演进的视图。时区视图可以清晰地展示出文献的更新和相互影响。如果选择 Timezone 按钮后，CiteSpace 将所有的节点定位在一个横轴为时间的二维坐标中，根据首次被引用的时间，节点被设置在不同的时区中，所处位置随着时间轴依次向上。因而一个从左到右、自下而上的知识演进图就直观地展示出来了（图 5-2 d）。

时区视图展示了领域文献的增长，某一时区中的文献越多，说明这一时间段中发表的成果越多，该领域处于繁荣时期；某一时区中的文献越少，说明这一时间段中发表的成果越少，该领域处于低谷时期。通过各时间段之间的连线关系，可以看出各时间段之间的传承关系。例如，在 1999 年时区中的节点和 2000 年时区中的节点的连线较多，说明这两个时间段的传承关系较强；在 2000 年时区中的节点和 2002 年时区中的节点的连线较少，说明这两个时间段的传承关系较弱。

## 5.2 视图布局

CiteSpace 可视化图谱的布局是动态生成的，你可以在适当的时候，如图谱的结构已经稳定下来的时候，按工具栏中停止键停止，也可以等待图谱布局自动停止。

在右侧控制栏（图 5-1）中，“iteration”表示布局算法的迭代次数，CiteSpace 默认最大迭代次数为 3000 次，在迭代 3000 次后，可视化图谱会自动停止。

在时间线视图和时区视图模式下，布局是由年份和聚类决定，只有在默认视图和聚类视图中，才涉及布局的调节。在默认视图中，CiteSpace 利用 Kamada Kawai（KK）弹簧嵌入的算法，并选择合适的参数和迭代次数，生成了较为合理的布局。一般情况下，对 CiteSpace 布局的调节并不必要。如果对初始生成的图谱不够满意，可以直接点击图谱上边的，重新生成一个新的布局。

要想重新进行布局，首先需要去掉 Snapshot 选项。这个按钮用来选择直接生成结果，还是显示中间过程。如果选择直接生成结果，可能会因为迭代次数不足，起不到调节的效果。

在选择 Snapshot 之后，可以通过调节下面三个选项来控制布局。

Stress 是给出拟合度 stress 值。

Scale 是调节单位连线的长度，在布局算法中，连线的长度通常大致保持在某个值附近。这里的 Scale 值即连线的标准长度值。

Stretch 按住移动标尺，就如同施加了一个外部拉力，拉开聚类之间的距离，这样各聚类之间的界限会显得更为清晰。

## 5.3 标签调节

### 5.3.1 文献节点标签调节

在针对文献的分析中，CiteSpace 提供了文献节点标签调节“Article Labeling”功能，可以分别用 Threshold 、 Font Size 和 Node Size 来调节文献节点标签的数量、标签的大小和节点的大小，从而使整个图谱的结构更为清晰（图 5-3）。

在 CiteSpace 生成的可视化图谱中，文献节点的大小与该节点的出现频次（如被引频次）正相关。具体的，节点的半径（注意不是面积，这点不同于 pajek 和 NetDraw）正比于该节点文献的被引频次。在 CiteSpace 中，除了可以利用 Node Size 调节条同比例放大或缩小所有的节点外，还可以非常灵活地对节点的标签显示进行控制。对标签显示进行调节的时候，首先需要选择控制项。CiteSpace 提供了三种控制项，分别是中心性（centrality，这里指的是中介中心性）、频次（frequency）及 Sigma 值。其次，需要选择合适的阈值（threshold）。阈值决定显示的标签的节点的数量有多少，阈值设置的越大，显示标签的节点数量越少；反之，则越多。最后，选择合适的字体大小（fond size）。注意，过多的标签或过大的字体会覆盖节点，从而影响图谱的辨识度，因此需要同时选择合适的阈值和字体大小。在默认情况下，中心性是控制项，阈值、字体大小和节点大小分别取 15，10 和 30。

### 5.3.2 词节点标签调节

在利用“Term”进行共词分析的时候，CiteSpace 提供的调节点标签调节“Term Labeling”功能主要用于调节词节点及其标签的大小。调节方法同

"Article Labeling"一样（参见 5.3.1）。

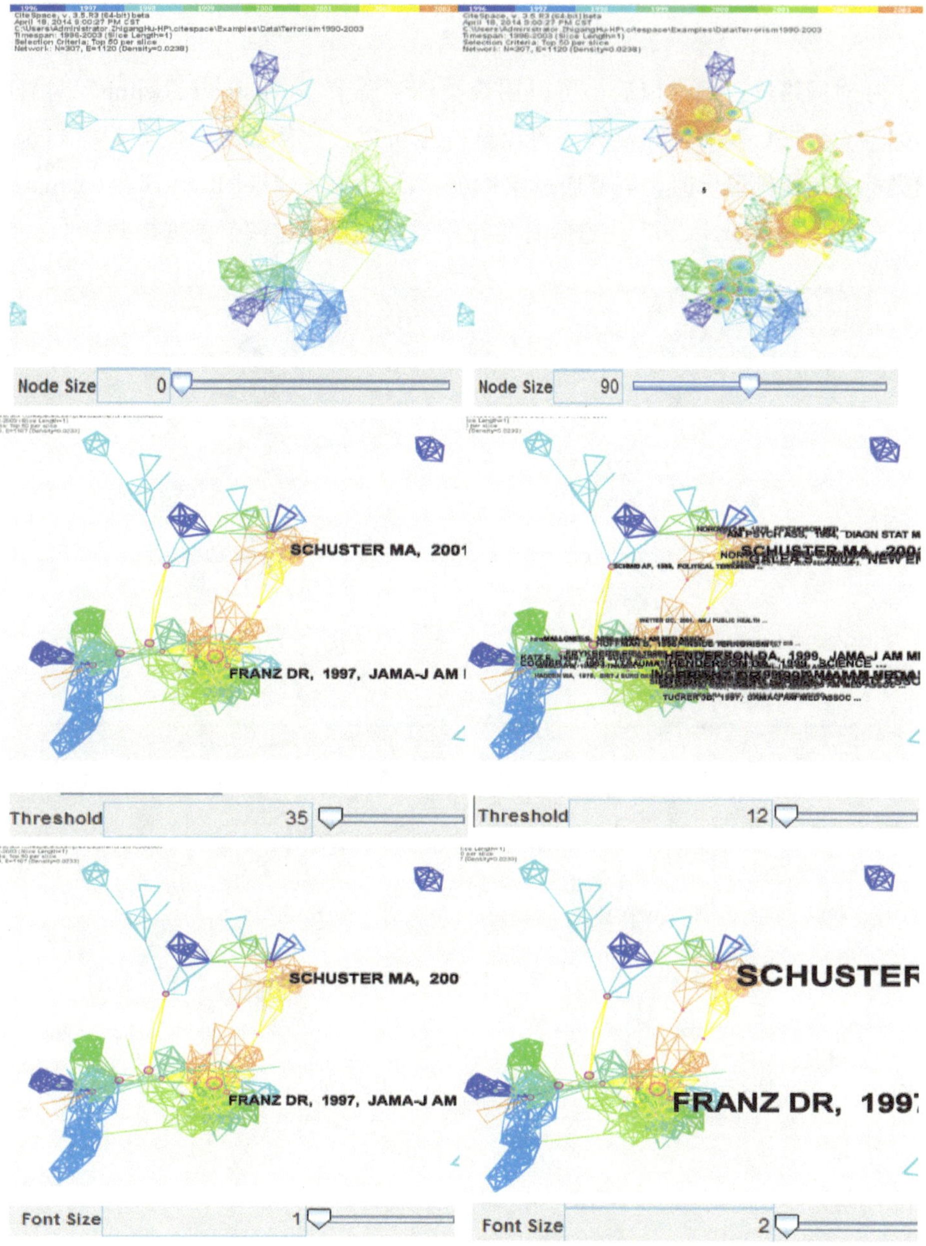


图 5-3　文献节点及标签的调节

### 5.3.3 聚类标签调节

在对网络进行聚类以后，可以用聚类标签调节“Cluster Labeling”对聚类的标签大小进行调节，标签大小可以统一也可以按比例显示（图 5-4）。当选择聚类标签按比例显示时，需要通过菜单项“Display→Label Font Size→Cluster: Uniformed/Proportional”来选择标签比例显示，再通过调节条进行调节。

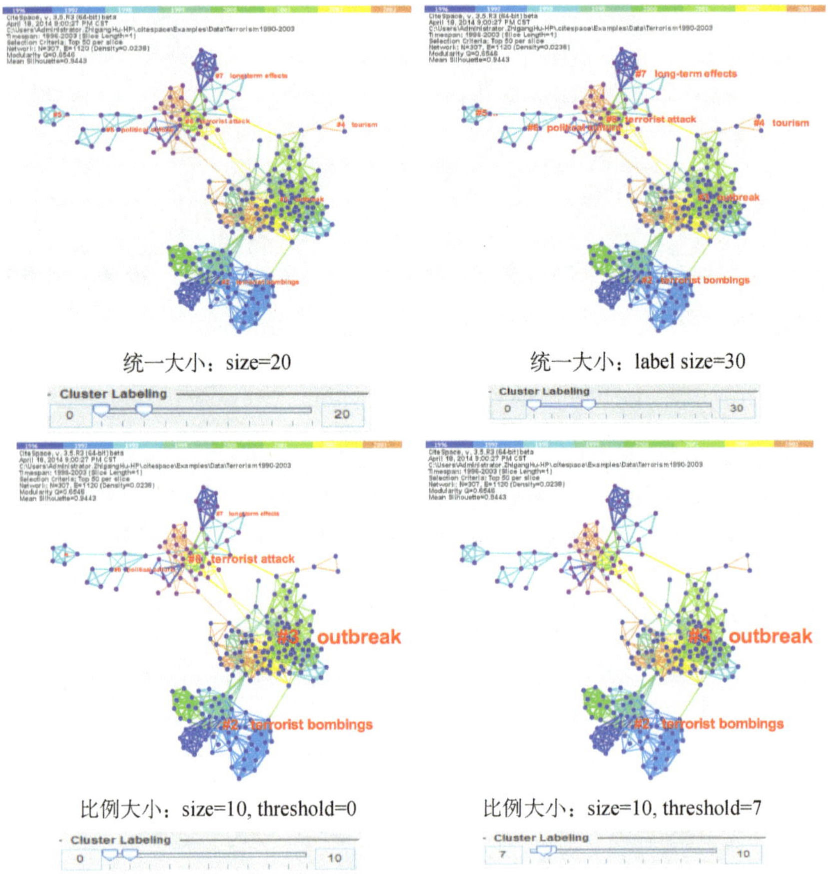


图 5-4 聚类标签的调节

# 6 可视化设计

信息可视化是介于科学和艺术之间的一门学问。因此，除了科学性之外，可视化效果的艺术感也很重要，CiteSpace 灵活地体现了信息可视化中的科学性和艺术性之间的平衡，把设计感带进科学知识图谱中，使得 CiteSpace 处处体现出美观度和合理性的完美融合。

## 6.1 节点显示

CiteSpace 丰富的可视化视图首先体现在节点的显示上。我们可以通过下拉菜单“Display→Node Rendering Type/Node Shape/Node Size/Node Fill Color/Node Outline Color”实现对点的样式、点的形状、点的大小、点的颜色和点的轮廓颜色进行控制。其中，点的样式可以实现 7 种不同的显示，也可使用功能键来实现（图 6-1），图 6-2 以“恐怖主义”为例显示出了各种节点样式。

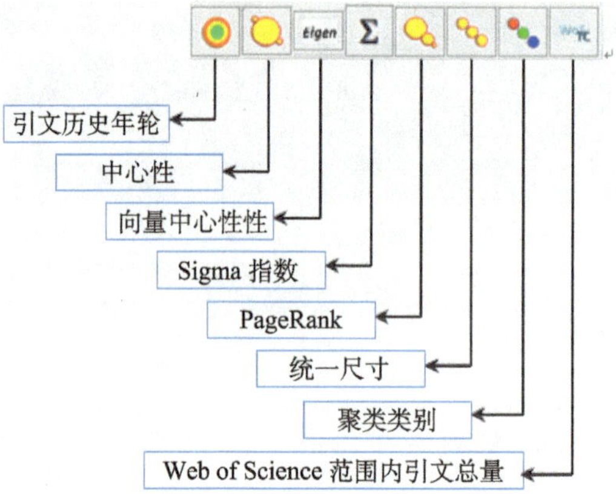


图 6-1　节点可视化样式功能键

年轮样式图是默认的节点样式（图 6-3）。CiteSpace 不同于其他可视化图谱的最大特点是其节点被设计成年轮状。这种样式可以使节点表达更多的信息。例如，在文献共被引图谱中，节点的年轮结构表示的是该文献被引用的历史，蓝色的年轮表示较早的年份（可对照上面的时间条识别具体是哪一年），而红色的年轮表示最近的年份，年轮的厚度与该年的被引频次成正比。因此，节点的半径（注意，不是节点的面积，这也是 CiteSpace 与 Pajek，UciNet 的不同点）对应于该节点的总被引次数。此外，有的节点被以紫圈标注出来，这些节点具有较大（不小于 0.1）的中心度。

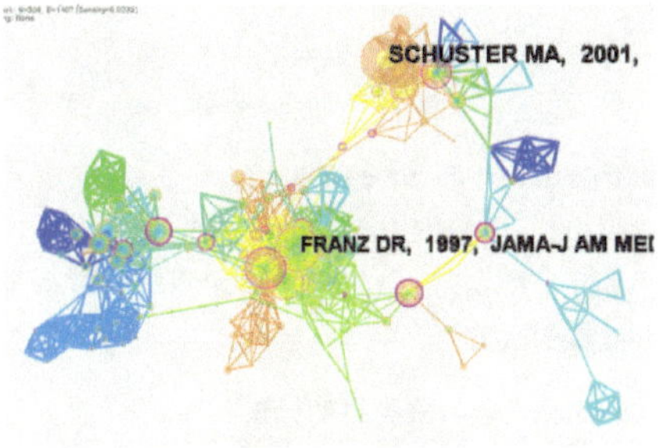


a. 点的大小=引文历史年轮

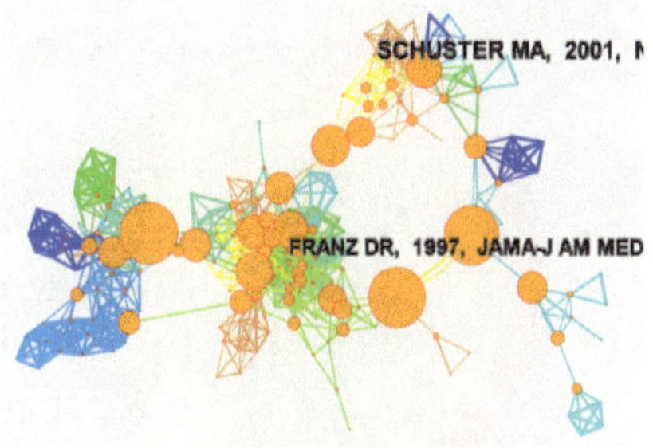


b. 点的大小=中介中心性

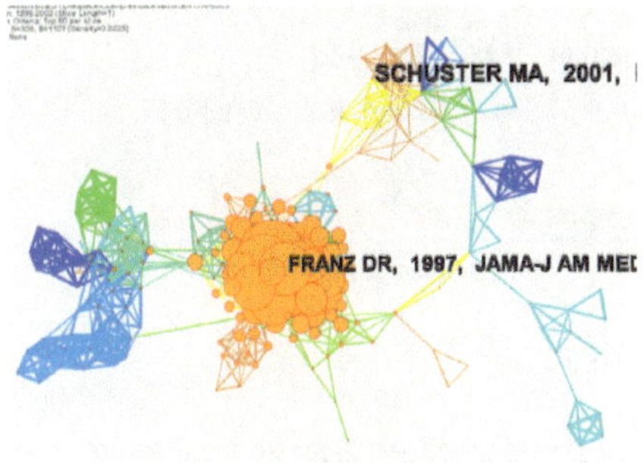


c. 点的大小=与向量中心性

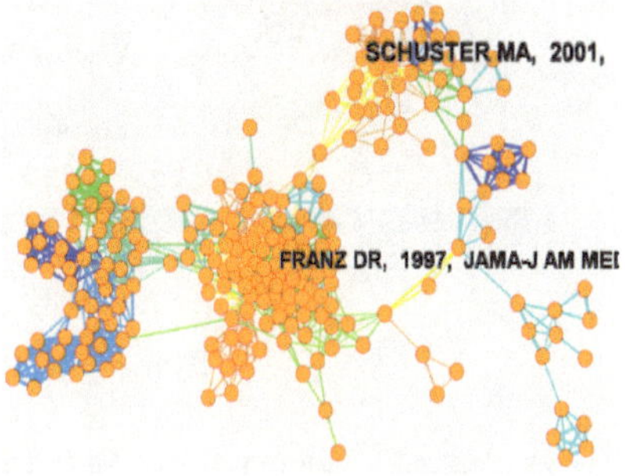


d. 点的大小=Sigma 指数

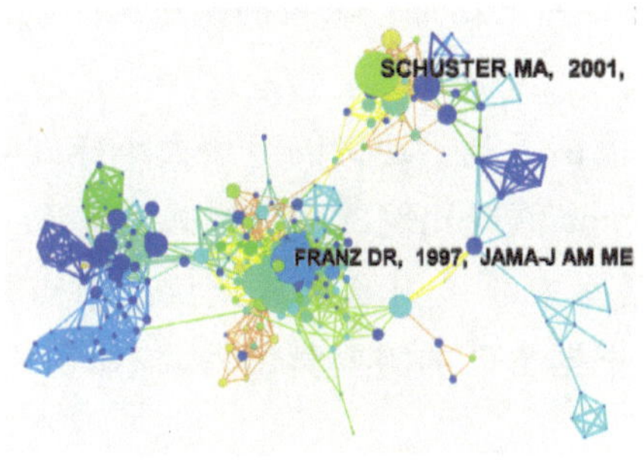


e. 点的大小=PageRank 值

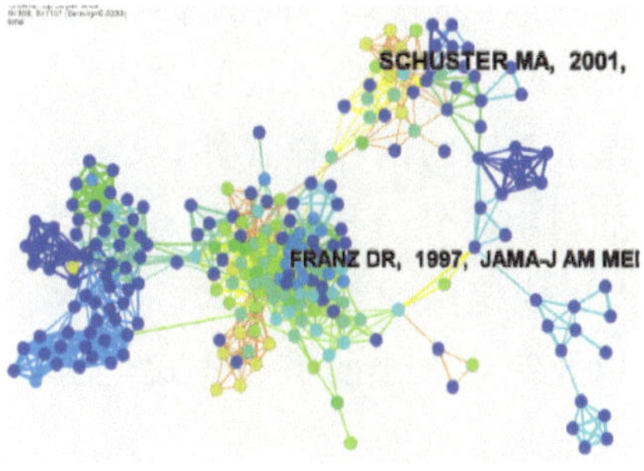


f. 点的大小=统一尺寸

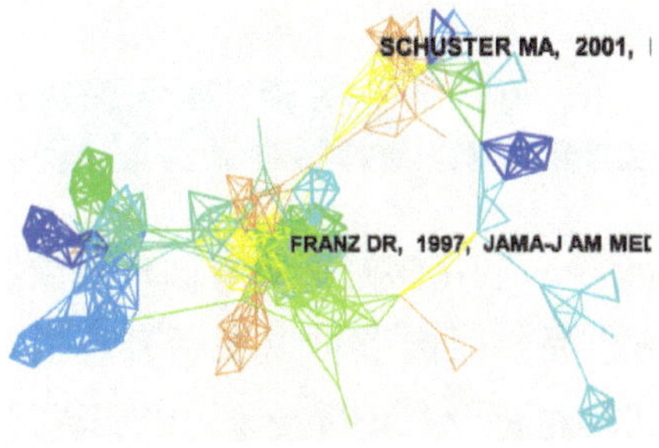


g. 根据聚类的组成来设定点的颜色

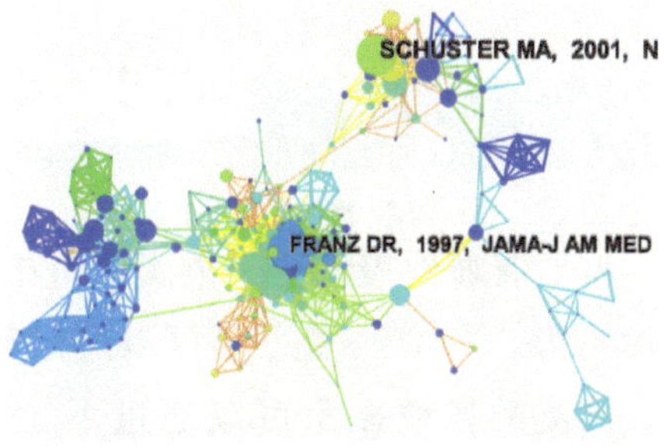


h. 点的大小=WoS 数据库中总被引频次

图 6-2 节点显示的不同样式

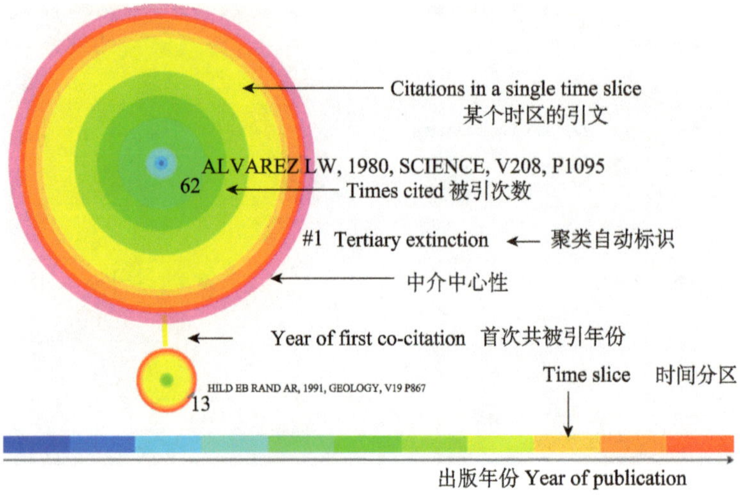


图 6-3 引文历史年轮式节点

聚类样式是另一种常用的可视化样式，可以展示网络的聚类。聚类样式中，不同颜色的节点代表不同的聚类。随着聚类编号的增加，聚类的颜色从深蓝色变成深红色。

除了上面的两种样式外，CiteSpace 还提供了基于比例的节点大小样式效果，如与中心性成比例的节点样式，与 Sigma 值成比例的节点样式、与 PageRank 值成比例的节点样式、与 WoS 数据库中总被引频次成比例的节点样式，以及统一大小的节点样式，用户可以根据自己的需要尝试采取不同的节点样式效果。

## 6.2 聚类显示

为了清晰地表示一个聚类的范围，CiteSpace 利用多边形或者圆形对聚类添加阴影。其中，多边形可以展示聚类的边界，而圆形可以展示聚类的中心。聚类的各种显示可以通过下拉菜单“Display→Cluster→……”来实现（图 6-4）。

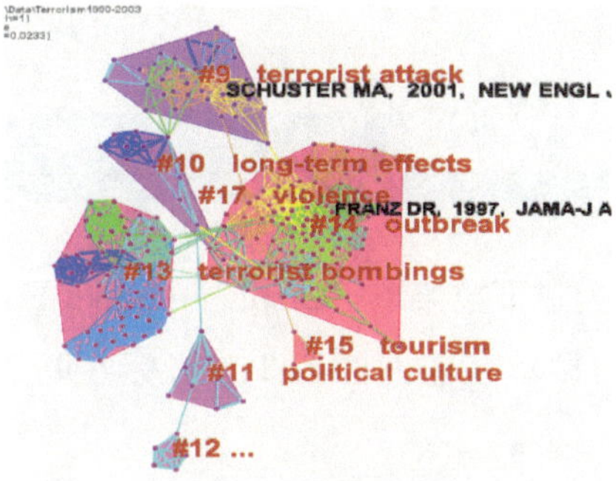


"Display→Clutster→Show/Hide Cluster Labels"
自动聚类标签默认图

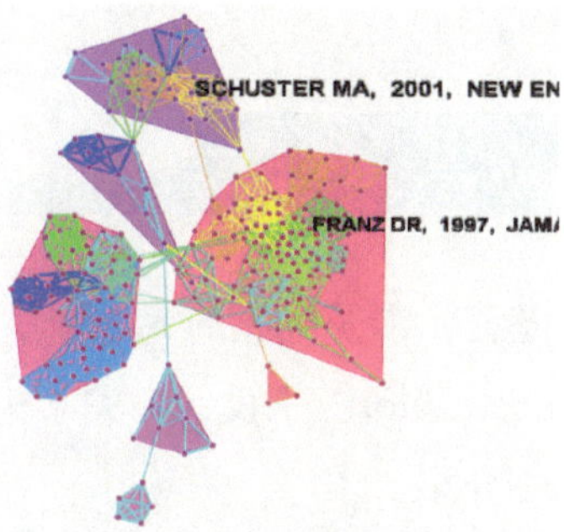


"Display→Clutster→Show/Hide Cluster IDs"
隐藏/显示聚类标签

"Display→Clutster→Convex Hull:Show/Hide"
隐藏/显示所属聚类编号

"Display→Clutster→Convex Hull:Toggle Fill Color Patterns"
隐藏/显示聚类阴影区（同一颜色）

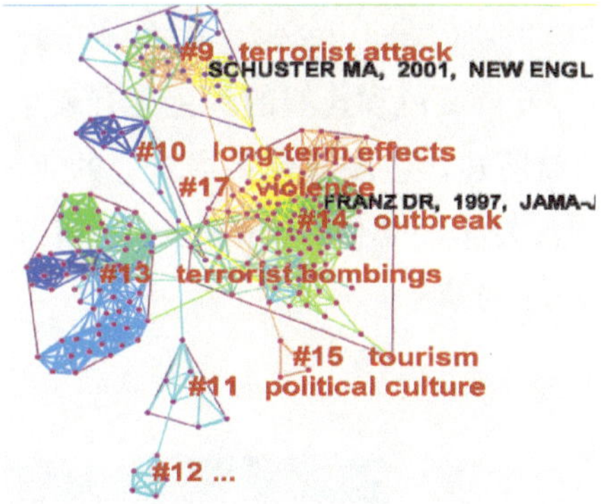


"Display→Clutster→Convex Hull:Fill/Border only"
隐藏/显示聚类轮廓线

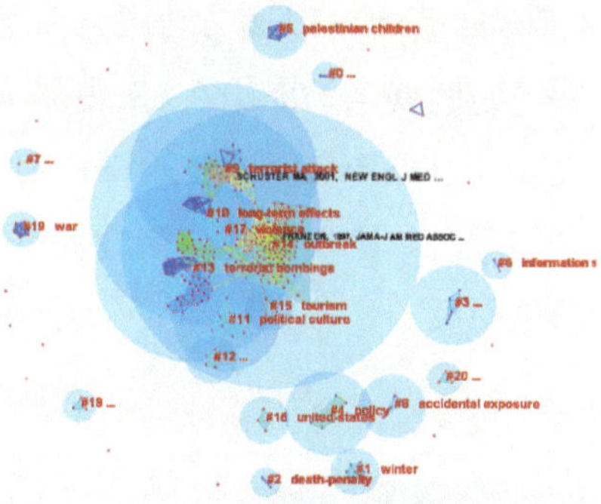


"Display→Clutster→Circle:Show/Hide"
用圆形显示聚类区

图 6-4 聚类的各种显示

## 6.3 标签显示

标签显示涉及标签的大小和颜色，可以通过下拉菜单“Display→Label Font Size/Label Color”来设计。关于标签大小的显示在前面的 5.3 节（标签调节）中有详细介绍。

CiteSpace 默认的节点标签颜色为黑色，聚类标签颜色为红色。不过可以通过下拉菜单“Display→Label Color”打开标签调色板来自定义标签颜色。

## 6.4 背景显示

默认的背影颜色为白色，最常用的背景调色板按钮被放置在工具栏中，而且可以通过快捷按钮迅速切换黑白背景。

## 6.5 连线显示

CiteSpace 虽然可以调节背景和标签的颜色，但是 CiteSpace 不允许用户更改节点和连线的颜色。因为在 CiteSpace 中，节点颜色和连线的颜色具有表达属性的含义。就节点而言，在年轮样式中，如前所述，各圈颜色特指对应的年份。而连线中的颜色，则代表着该共现关系第一次发生的年份。CiteSpace 中可以调节连线的透明度。

## 6.6 过滤显示

作为知识发现和知识挖掘的工具，CiteSpace 可以方便地提供特殊节点的查找和突出显示。过滤功能的工具栏（图 6-5）位于图谱显示区的上方。

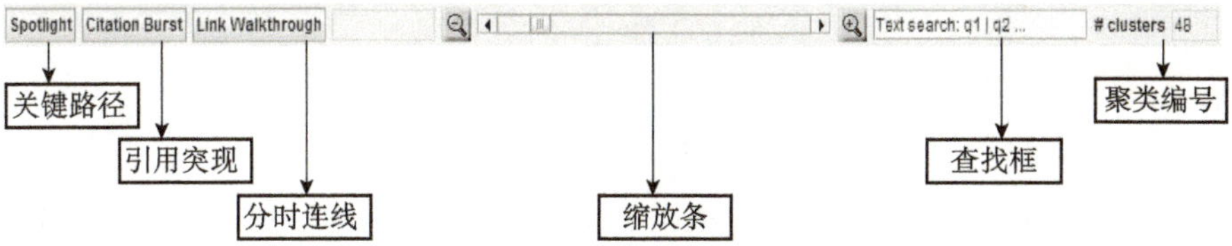


图 6-5　过滤显示的工具栏

## 6.6.1 查找

可以通过显示区上方的工具条中的搜索框输入查询词查找所要的节点。如需要查找节点标签中含有“Terrorism”和“2001”的节点，可以在搜索框里输入“Terrorism | 2001”进行查询，这些节点便被标注显示出来（图 6-6）。

图 6-6　在可视化图谱中查找含有“Terrorism”和“2001”的节点

## 6.6.2 引用突现

通过 Citation Burst 按钮可以找到突现引文，简单地说，突现引文是指引用量突然上升或突现下降的节点。这类节点通常代表某一研究的转变。突现的引文节点用红色表示（图 6-7）。

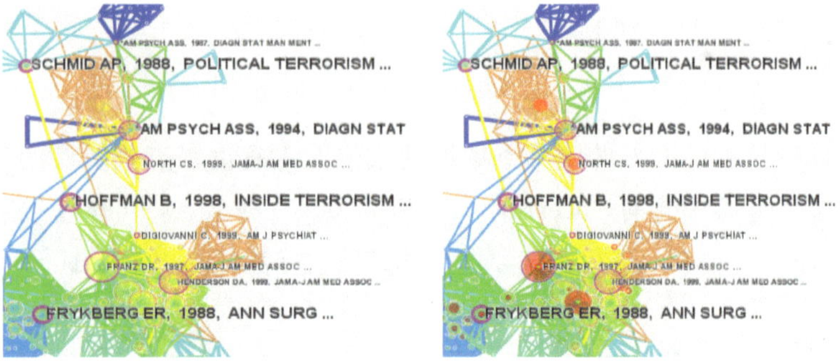


a.初始图　　b.寻找引用突现节点

图 6-7　红色覆盖的节点是突现引文

## 6.6.3 分时连线

通过 Link Walkthrough 可以将各年的连线按时间顺序进行遍历，以展示科学图谱演进的过程（图 6-8）。

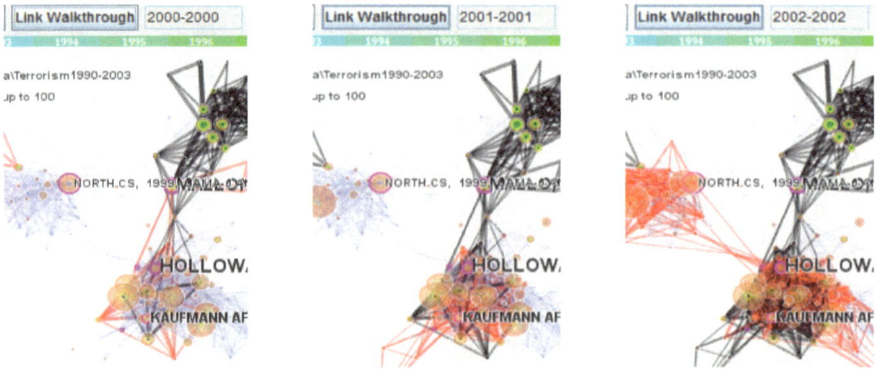


a.2000年的连线图　　b.2001年的连线图　　c.2002年的连线图

图 6-8　分时连线图

## 6.6.4 关键路径

Spotlight 是突出显示中介中心性高的节点（紫圈节点）之间连接的一种效果图。按下该功能键，连接紫圈的节点的连线就会突出显示，而其余的节点和连线则被调低透明度（图 6-9）。

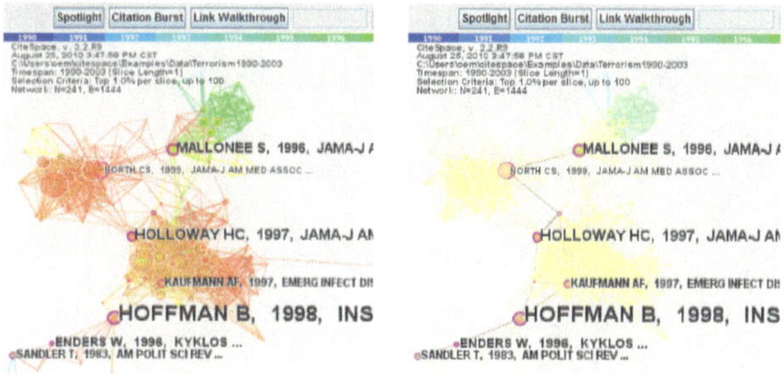


a.初始图　　　　　　　　b.关键路径图

图 6-9　突出显示重要节点的连线图

# 6.7 图示缩放

CiteSpace 提供了图谱的尺度缩放调节条，可以方便地对图谱的显示比例进行调节。由于 CiteSpace 生成的是矢量图，所以在缩放过程中，线条不会出现齿化和模糊（图 6-10）。这一功能非常有助于用户观察图谱的局部细节，或对图谱进行细微调整。

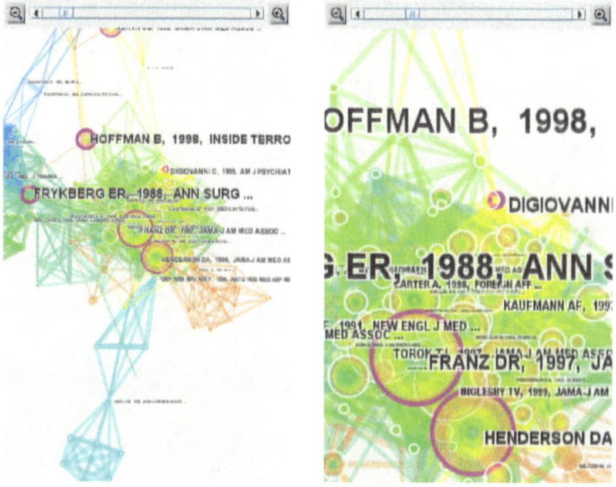


图 6-10　图示缩放

# 7 关于节点和聚类的更多信息

在可视化界面左侧提供了节点信息表（图 7-1），列出了当前节点的关键信息，如节点的出现频次、中心性、初现年、标签等信息，以方便用户对节点的属性有一个大概的了解。值得注意的是，在最左侧还有一栏可以控制结点是否可见，将“Visible”一栏的“√”去掉就可以实现节点的隐藏。如果点击某一栏目，还可以使该信息表按照不同的栏目进行排序。

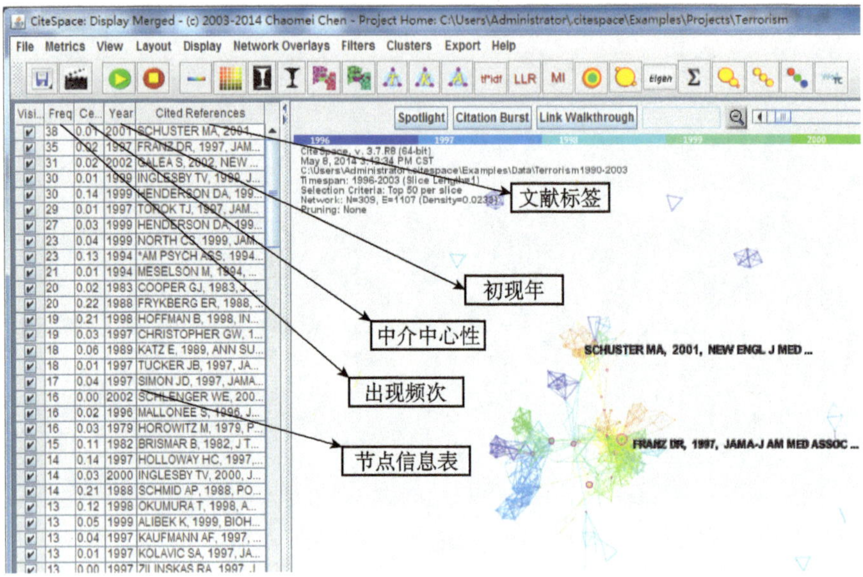


图 7-1　可视化界面中的节点信息表

CiteSpace 的右键功能强大，用鼠标右键点击可视化图谱中的节点，弹出菜单（图 7-2），通过操作该功能菜单，可以获得更深入的信息。

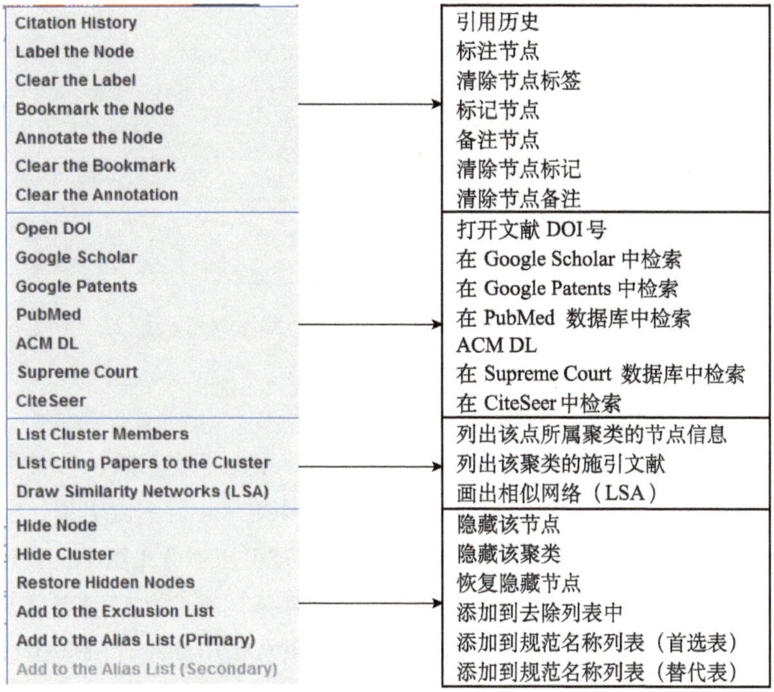


图 7-2　CiteSpace 强大的右键功能

## 7.1 节点信息

### 7.1.1 引用历史

CiteSpace 最突出的特点是可以在时间维度上对引文网络进行可视化。在生成的可视化图谱中，节点和连线都以不同的颜色进行标注。前面已经提到，用从蓝到红的颜色来显示的节点的年轮，表示的是该文章被引用的历史，某个颜色的年轮越厚，表示在与该颜色对应的年份该文章被引用的越多。

如果想看到某文献被引用的详细情况，只需右键点击你所要查询的节点，点击“Citation History”，会弹出打开一个新窗口（图 7-3），在该窗口中显示该文献在你所选定的时间段中被引用的历史。

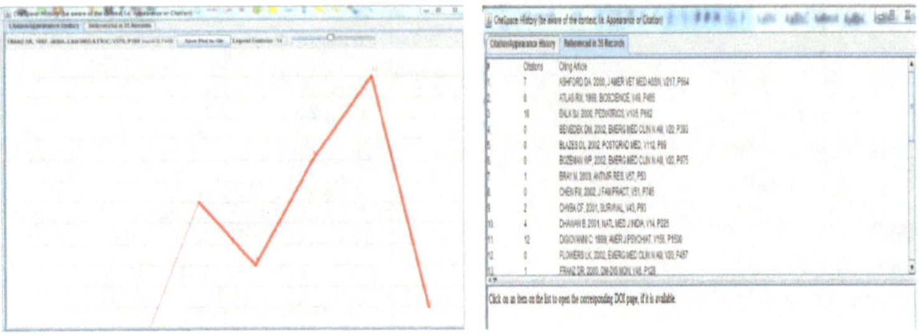

a. 引文历史　　　　　　　　　　b. 施引文献

图 7-3　Citation History 窗口示例

一般而言，一篇文章的被引频次随时间的分布是不均匀的，常常是在某些年由于某些原因被频繁引用，而在另外的年份则极少甚至不被引用，CiteSpace 中用 Burst 参数来计算一篇文章的突现情况。在被引历史分布图中，突现的年份用粗线表示。在该窗口中，还可以查看该文献具体被哪些文章引用过，即该文章的施引文献。通过查看施引文献，就可以得出高被引文献在哪些领域受到了关注，或者说发挥了作用。

对于文献共被引分析（DCA）之外的其他网络图谱，Citation History 的含义略有不同（表 7-1）。

**表 7-1　Citation History 的内涵**

| 网络类型 | Citation History 不同内涵 |
|---|---|
| 期刊共被引 | 所选时间段上该期刊发表文章的所有施引文献 |
| 作者共被引 | 该作者所发表的所有文章的施引文献 |
| 作者/机构/国家合作 | 该作者/机构/国家所发表的所有文章的时间分布 |

## 7.1.2　检索信息

根据数据类型，可以在 Open DOI、Google Scholare、Google Patent、Pubmed、ACM DL、Supreme Court、CiteSeer 数据库中检索某节点的更详细信息。

在 WoS 的数据格式里，一条标准的引文记录是以下面的形式列出：

“CHEN CM，2004，PNATL ACAD SCI U S1，V101，P5303，DOI 10.1073/pnas.0307513100”

WoS 只列出了引文的第一作者、出版年份、来源期刊的名称和卷，以及页码等若干信息，而没有提供引文的标题，因此就使引文数据显得不那么容易解读。CiteSpace 集成了 7 种搜索功能，以方便用户方便快捷的查询引文的标题和其他信息。

### 1. Open DOI

DOI 是"Digital Object Identifier"的简写，用来标识在数字环境中的内容对象。DOI 可以用来揭示有关该数字对象的一些信息，包括从 Internet 哪里可以找到它。随着时间推移，数字对象的某些有关信息可能会有变化（包括从哪里可以找到它），但是 DOI 不会改变。DOI 是一个永久性的标识号，由"International DOI Foundation"管理。用鼠标右键点击可视化图谱中的某个节点，选择"Open DOI"，CiteSpace 将自动登录 http：//dx. doi. org/，并自动链接到该文献的 url，并显示相应的页面。一篇文章在期刊网站的网址有可能发生变化，但是，它在 DOI 系统中的网址却永远不会改变，而且，通过 DOI 系统的自动转换后，将永远指向最新的、有效的期刊网站网址。

### 2. Google Scholar

最方便的方式是利用 Google Scholar 搜索引文的简要信息，它搜索信息的来源包括来自学术著作出版商、专业性社团、预印本、各大学及其他学术组织的经同行评论的文章、论文、图书、摘要和文章。Google Scholar 与学术著作出版商合作，并使其学术著作在 Google 学术搜索上可进行查询，从而减少了需要登录用户信息或者通过图书馆进入的麻烦。

在生成的共被引分析图谱中，右键点击想要查询的被引文献节点，选择"Google Scholar"，在右侧信息面板上就会显示根据此文献节点生成的超链接地址，其格式如图 7-4 所示。

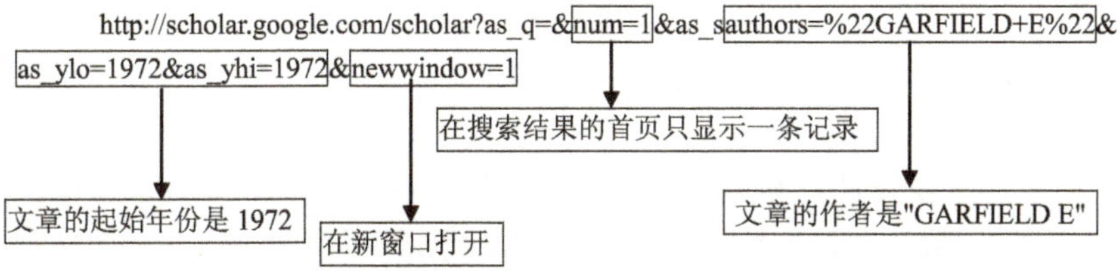


图 7-4 CiteSpace 链接 Google Scholar 中某篇文献的语句含义

Google Scholar 根据该作者在这一年发表所有文章的被引次数，列出被引次数最多的一条记录。一般情况下，这条记录正是我们要找的信息，但是有时候也会出现例外。如果发现所搜索到的这条记录的来源刊物与原记录的来源刊物不符，可以点击下一页直到找到相符的记录。

### 3. Google Patent

Google 在 2006 年 12 月 14 日正式发布了专利搜索网站，它覆盖了 USPTO 全部的专利信息——从 18 世纪 90 年代专利发布开始到 2007 年中所有的专利信息，整合了美国多达 700 万项技术专利，使用者可以通过专利的发布日期、专利号码以及专利的发明者等信息，搜索这些专利权信息，成为第一个专利权方面搜索查询工具。当 CiteSpace 分析的对象是专利数据时，即可视化图谱中的节点表示专利时，右键单击，选择“Google Patent”，会自动链接到 Google Patent 搜索服务引擎。

### 4. PubMed

PubMed 是一个面向 MEDLINE 数据库的搜索引擎。MEDLINE 数据库是生命科学和生物医学领域的一个引文、摘要和全文数据库，由美国国家医学图书馆维护，通过 PubMed 提供免费索取。MEDLINE 收录了 1950 年至今的 5000 多种出版物中的 18 000 000 多条文献记录。PubMed 搜索引擎自 1990 年中期在互联网上发布以来，几经升级，已经变成医学领域最智能的搜索引擎。新版 PubMed 可以胜任从最简单到最复杂的搜索方式，大大提升了用户的搜索体验。

CiteSpace 为利用 PubMed 数据生成的可视化图谱，右键单击文献节点，CiteSpace 会在右侧 search result 面板中生成一条指向 PubMed 的查询链接，如下：

http：//www. ncbi. nlm. nih. gov/pubmed? term = woods ［au］% 202002：2002 ［dp］%20J%20Proteome%20Res ［ta］

### 5. ACM DL

ACM DL 是美国计算机协会数字图书馆（Association for Computing Machinery Digital Library）的简称。该数字图书馆主要是在该协会所属的期刊、通讯和会议上所发表的论文，最早可以上溯至 20 世纪 50 年代，共有文献近 140 万条，是计算机科学领域最重要的数据库之一。

ACM DL 通过 The ACM Portal 提供文献的检索服务。如果你所研究的领域是计算机领域，那么你可以利用 CiteSpace 的 ACM DL 搜索链接方便地查询或下载在可视化图谱中你认为比较重要的节点，CiteSpace 生成的搜索链接如下：

http：//portal. acm. org/results. cfm? adv = 1&COLL = GUIDE&DL = GUIDE&termzone=all&allofem=&anyofem=&noneofem=&peoplezone=Author&people=chaomei+chen&peoplehow=and&since _ year=2004&before _ year=2007

### 6. Supreme Court

《美国最高法院判例（律师版）》数据库（U. S. Supreme Court Cases，Lawyers' Edition）收录了 1790 年至今的最高法院判例律师版所收录的所有判例意见书全文，还包括所有上诉到最高法院的案例的最终决定。如果可视化图谱的节点表示某个美国最高法院的判例，单击鼠标右键，选择“Supreme Court”，CiteSpace 将自动进入《美国最高法院判例（律师版）》数据库，并链接到该判例，显示更为详细的信息。

### 7. CiteSeer

CiteSeer 是美国宾州的 NEC Research Institute（现在的 NEC Labs）的 Steve Lawrence，Kurt Bollacker 和 Lee Giles 所创建的，由宾州州立大学的信息科学和技术学院主管，拥有超过 70 万篇文献，主要集中在计算机和信息科学与工程领域。CiteSeer 现在已经更新为 CiteSeerX，搜索功能有了更大的提升，可以检索 150 多万篇文献。

## 7.1.3 隐藏/恢复节点

有些时候，我们发现一些节点不是那么重要。最常见的情况是一个和其他节点没有连线的孤立点，这时候，出于使可视化图谱更为简洁的目的，这些点可以被去除（或者说隐藏）。CiteSpace 提供了这一功能，它可以将任何你不想要的节点去除，同时所有与该节点相连的连线（如果有的话）也将一并去除。方法是选择这一节点，然后点击右键，选择“Hide Node”。当存在多个孤立节点时，我们也可以选择“Hide Cluster”来一键去除整个聚类，这一功能不仅能方便同时去除多个孤立节点，而且有助于理清各聚类之间的关系。

去除的节点其实并没有真的被去除，更确切地说，它们是被隐藏起来了。通过“Removal Restore”，被“去除”的点会在原来的位置显示出来。

### 7.1.4 节点修正

前面我们提到“Hide Node”实际上并没有真的把节点去除，只是将它们隐藏了，重新运行 CiteSpace，该节点还会出现。若想在运行时不再出现该节点，需右键点击你想要去除的节点，然后选择“Add to Exclusion List”，CiteSpace 将这个节点添加到去除列表里，当点击“Removal Restore”，这些被添加到“Exclusion List”的节点仍然不会显示出来。

这一功能一般并不常用，除非你觉得某个节点是错误的。而一个节点是错误的情况往往是，该节点所指代的文章实际上是另一篇文章的误写。例如，

“SWANSON DR，1986，PERSPECT BIOL MED，V30，P7”

从 WoS 中下载的原数据中，个别情况下会被误写为

“SWANSON DR，1986，PERSPECTIVES BIOL ME，V30，P1”

而这两篇引文数据实际上是一样。因此，用户可以直接将后面的数据去除。但是对于这种情况，更好的办法其实是利用“Add to the Alias List（Primary)”和“Add to the Alias List（Secondary)”。操作步骤如下：

右键点击节点“SWANSON DR，1986，PERSPECT BIOL MED，V30，P7”，弹出右键菜单，选择“Add to the Alias List（Primary)”；

右键点击节点“SWANSON DR，1986，PERSPECT BIOL MED，V30，P7”，弹出右键菜单，选择“Add to the Alias List（Secondary)”；

点击 GO（重新运行）。

第二篇文章就会被合并到第一篇文章中，生成的新节点的被引频次就变成了两篇文章的被引频次之和。

这种名称合并的功能在作者分析或期刊分析中的作用更加明显。常常有作者被表达成两种不同的形式，比如“陈超美”在有的文章中被写成“C Chen”，而在另外的文章则可能被写成了“CM Chen”，这时候就需要利用这一功能对这两种作者名称进行合并。

在期刊中，这一情况也不鲜见，除了期刊的缩写不同造成的“同刊不同名”外，还有一种情况，就是期刊的更名。例如，美国信息科学与技术学会会刊，在 2001 年由“J AM SOC INF SCI”更名为“J AM SOC INF SCI TEC”，在期刊共被引图谱中，这两个期刊就需要进行合并（当然，在某些情况下，根据不同的研究目的，可能需要同时保留两种期刊名称）。

## 7.1.5 节点汇总表

下拉菜单“Export→Network Summary Table”命令可以打开节点信息详表（图 7-5）。在这个详表中，除了显示节点的频次/中心性、初现年、标签之外，还显示有 Burst 值、中心性、$\sum$ 值、PageRank、半衰期，以及所属聚类等信息。同前面的节点简表一样，可以通过点击栏目进行所需要的排序。

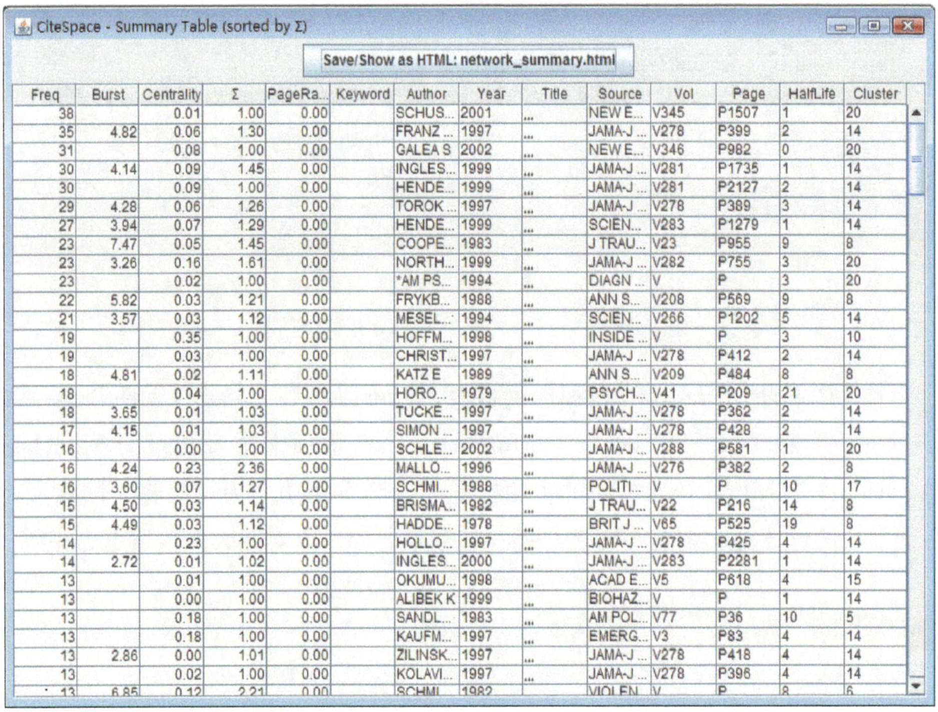


| Freq | Burst | Centrality | Σ | PageRa... | Keyword | Author | Year | Title | Source | Vol | Page | HalfLife | Cluster |
|---|---|---|---|---|---|---|---|---|---|---|---|---|---|
| 38 | | 0.01 | 1.00 | 0.00 | | SCHUS... | 2001 | ... | NEW E... | V345 | P1507 | 1 | 20 |
| 35 | 4.82 | 0.06 | 1.30 | 0.00 | | FRANZ ... | 1997 | ... | JAMA-J ... | V278 | P399 | 2 | 14 |
| 31 | | 0.08 | 1.00 | 0.00 | | GALEA S | 2002 | ... | NEW E... | V346 | P982 | 0 | 20 |
| 30 | 4.14 | 0.09 | 1.45 | 0.00 | | INGLES... | 1999 | ... | JAMA-J ... | V281 | P1735 | 1 | 14 |
| 30 | | 0.09 | 1.00 | 0.00 | | HENDE... | 1999 | ... | JAMA-J ... | V281 | P2127 | 2 | 14 |
| 29 | 4.28 | 0.06 | 1.26 | 0.00 | | TOROK ... | 1997 | ... | JAMA-J ... | V278 | P389 | 3 | 14 |
| 27 | 3.94 | 0.07 | 1.29 | 0.00 | | HENDE... | 1999 | ... | SCIEN... | V283 | P1279 | 1 | 14 |
| 23 | 7.47 | 0.05 | 1.45 | 0.00 | | COOPE... | 1983 | ... | J TRAU... | V23 | P955 | 9 | 8 |
| 23 | 3.26 | 0.16 | 1.61 | 0.00 | | NORTH... | 1999 | ... | JAMA-J ... | V282 | P755 | 3 | 20 |
| 23 | | 0.02 | 1.00 | 0.00 | | *AM PS... | 1994 | ... | DIAGN ... | V | P | 3 | 20 |
| 22 | 5.82 | 0.03 | 1.21 | 0.00 | | FRYKB... | 1988 | ... | ANN S... | V208 | P569 | 9 | 8 |
| 21 | 3.57 | 0.03 | 1.12 | 0.00 | | MESEL... | 1994 | ... | SCIEN... | V266 | P1202 | 5 | 14 |
| 19 | | 0.35 | 1.00 | 0.00 | | HOFFM... | 1998 | ... | INSIDE ... | V | P | 3 | 10 |
| 19 | | 0.03 | 1.00 | 0.00 | | CHRIST... | 1997 | ... | JAMA-J ... | V278 | P412 | 2 | 14 |
| 18 | 4.81 | 0.02 | 1.11 | 0.00 | | KATZ E | 1989 | ... | ANN S... | V209 | P484 | 8 | 8 |
| 18 | | 0.04 | 1.00 | 0.00 | | HORO... | 1979 | ... | PSYCH... | V41 | P209 | 21 | 20 |
| 18 | 3.65 | 0.01 | 1.03 | 0.00 | | TUCKE... | 1997 | ... | JAMA-J ... | V278 | P362 | 2 | 14 |
| 17 | 4.15 | 0.01 | 1.03 | 0.00 | | SIMON ... | 1997 | ... | JAMA-J ... | V278 | P428 | 2 | 14 |
| 16 | | 0.00 | 1.00 | 0.00 | | SCHLE... | 2002 | ... | JAMA-J ... | V288 | P581 | 1 | 20 |
| 16 | 4.24 | 0.23 | 2.36 | 0.00 | | MALLO... | 1996 | ... | JAMA-J ... | V276 | P382 | 2 | 8 |
| 16 | 3.60 | 0.07 | 1.27 | 0.00 | | SCHMI... | 1988 | ... | POLITI... | V | P | 10 | 17 |
| 15 | 4.50 | 0.03 | 1.14 | 0.00 | | BRISMA... | 1982 | ... | J TRAU... | V22 | P216 | 14 | 8 |
| 15 | 4.49 | 0.03 | 1.12 | 0.00 | | HADDE... | 1978 | ... | BRIT J ... | V65 | P525 | 19 | 8 |
| 14 | | 0.23 | 1.00 | 0.00 | | HOLLO... | 1997 | ... | JAMA-J ... | V278 | P425 | 4 | 14 |
| 14 | 2.72 | 0.01 | 1.02 | 0.00 | | INGLES... | 2000 | ... | JAMA-J ... | V283 | P2281 | 1 | 14 |
| 13 | | 0.01 | 1.00 | 0.00 | | OKUMU... | 1998 | ... | ACAD E... | V5 | P618 | 4 | 15 |
| 13 | | 0.00 | 1.00 | 0.00 | | ALIBEK K | 1999 | ... | BIOHAZ... | V | P | 1 | 14 |
| 13 | | 0.18 | 1.00 | 0.00 | | SANDL... | 1983 | ... | AM POL... | V77 | P36 | 10 | 5 |
| 13 | | 0.18 | 1.00 | 0.00 | | KAUFM... | 1997 | ... | EMERG... | V3 | P83 | 4 | 14 |
| 13 | 2.86 | 0.00 | 1.01 | 0.00 | | ZILINSK... | 1997 | ... | JAMA-J ... | V278 | P418 | 4 | 14 |
| 13 | | 0.02 | 1.00 | 0.00 | | KOLAVI... | 1997 | ... | JAMA-J ... | V278 | P396 | 4 | 14 |
| 13 | 6.85 | 0.12 | 2.21 | 0.00 | | SCHMI... | 1982 | | VIOLEN... | V | P | 8 | 6 |

图 7-5　节点信息详表

# 7.2 聚类信息

利用右键菜单中的“List Cluster Members”和“List Citing Papers to the Cluster”，不仅可以查看该聚类中包含了哪些文章，还可以查看哪些文章引用了该聚类中的文章。

## 7.2.1 聚类信息列表

指向特定节点利用右键功能菜单点击“List Cluster Members”，在 CiteSpace 可视化界面的下方出现一列表，标注出该节点所属聚类中的所有节点信息（图 7-6），这些信息对于用户判断哪些是较为重要的节点是有帮助的。

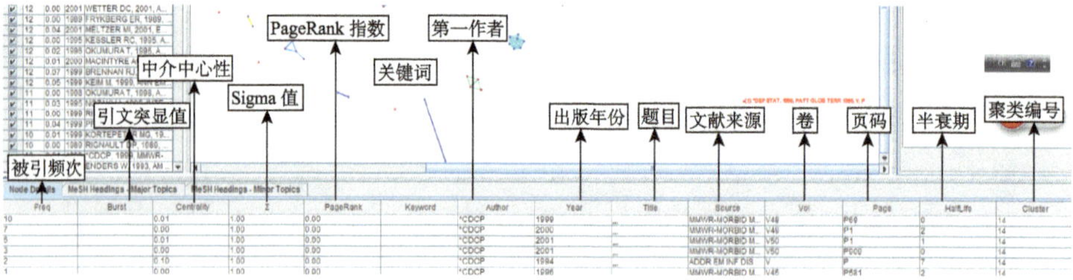


图 7-6　某节点所属聚类中的所有节点信息

如果是来自 MEDLINE 数据库的信息，还可以打开“MeSH Headings-Major Topics”和“MeSH Headings-Minor Topics”选项卡查看文章的 MeSH 信息。MeSH 是 MEDLINE 使用的主题标题表，其主要功能为可以将相同意义但不同写法的词（如：俗名与学名、缩写与完整名称）作对照，使检索更为完整。

## 7.2.2 聚类施引文献信息

点击“List Citing Papers to the Cluster”，将弹出一新窗口（图 7-7），提供了该节点所属聚类的施引文献的相关信息，包括该聚类施引文献中的高频关键词和该聚类的所有施引文献。

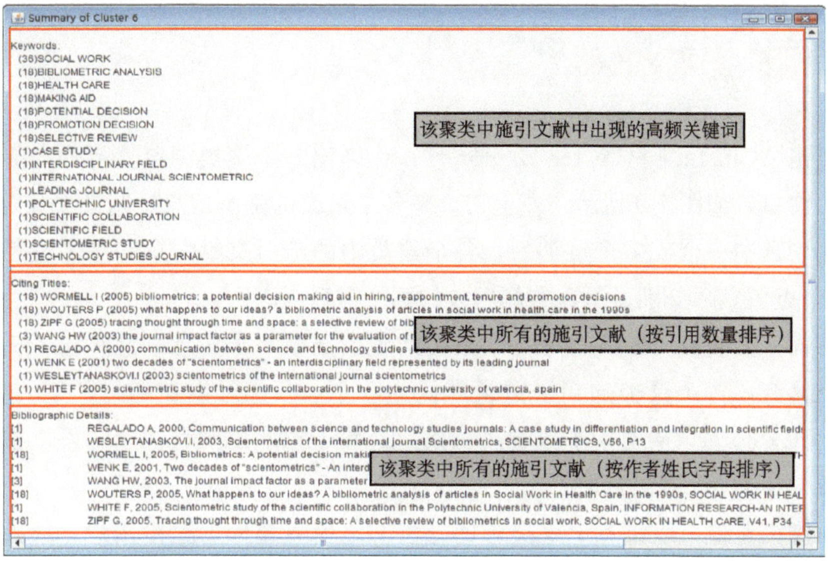


图 7-7　聚类施引文献信息列表

## 7.2.3　聚类汇总表

和前面的节点汇总表类似，这里的聚类汇总表显示的是聚类的一些重要信息，包括聚类的规模、轮廓值、中间年，以及通过三种不同的算法得到的聚类标签（图 7-8）。

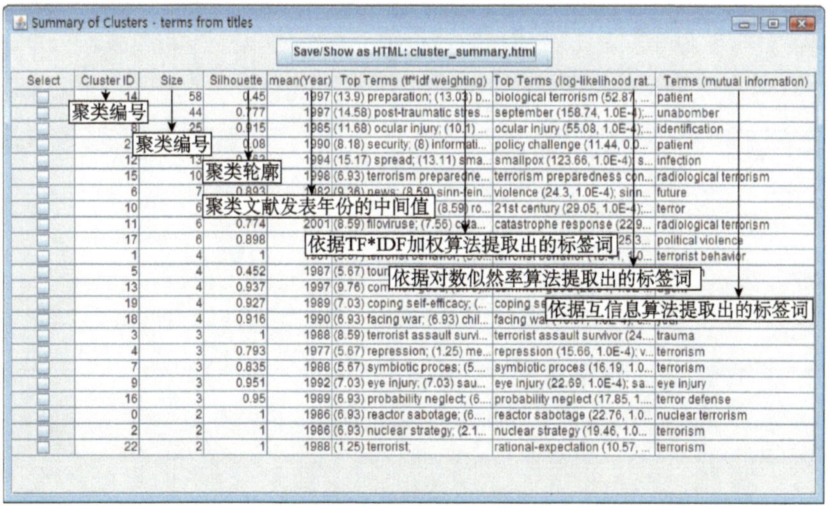


图 7-8　聚类汇总表

## 7.2.4 聚类浏览器

点击“Clusters→Cluster Explorer”，将弹出一个聚类浏览器界面，界面包含 4 个窗口，如图 7-9 所示，左上窗口是各个聚类的基本信息，与图 7-8 内容相同。选中其中一个或多个聚类后，各个聚类中的施引文献信息和参考文献信息（聚类节点信息）分别显示在右侧上方的两个窗口内。

界面下面的窗口提供的是各个聚类的施引文献句子信息，这些句子来自施引文献摘要，每个聚类的句子数量默认为 5 个，我们可以在运行“Clusters→Cluster Explorer”时对句子数量进行设置。句子选取原则有两个，可以按照中心性或 PageRank 算法选取。

聚类浏览器可以将各个聚类中的施引文献信息充分展示给用户，帮助用户了解聚类的主题内容。

图 7-9 聚类浏览器

## 7.3 文　本

对引文聚类后，各类中的施引文献间也具有相互关联关系，在“Clusters”菜单下提供了两个施引文献文本处理工具，可以分别采用向量空间模型和潜在语义分析方法对施引文献构成的网络进行分析。

### 7.3.1 向量空间模型

点击 View Similarity Networks of Citing Terms（VSM），得到如图 7-10 所示的施引文献 Term 词相似网络图，Term 词之间的相似性关系是通过向量空间模型中的向量相似性得到的。图中每个节点表示施引文献中的一个 Term 词，连线表示 Term 词间的相似关系。

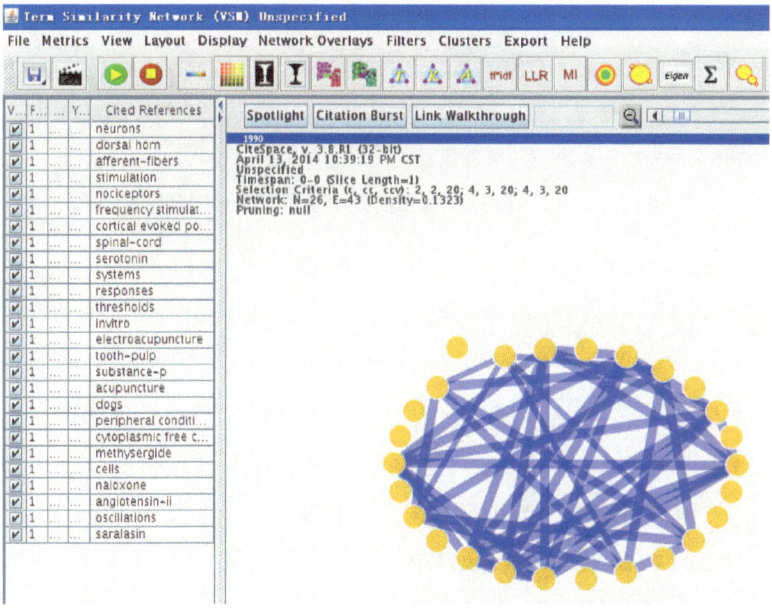


图 7-10　施引文献 Term 词相似网络图

## 7.3.2 潜在语义分析

潜在语义分析是把高维的向量空间模型（VSM）表示中的文档映射到低维的潜在语义空间中，从而实现高维空间的去噪处理。这个映射是通过对矩阵的奇异值分解（SVD）来实现的。点击 View Citing Networks to Clusters（LSA），将得到经过 LSA 降维后保留的施引文献 Term 词和段落信息，如图 7-11 所示，图中字体大小、显示的 Term 词长、段落长度都可以通过图上的工具栏调节。

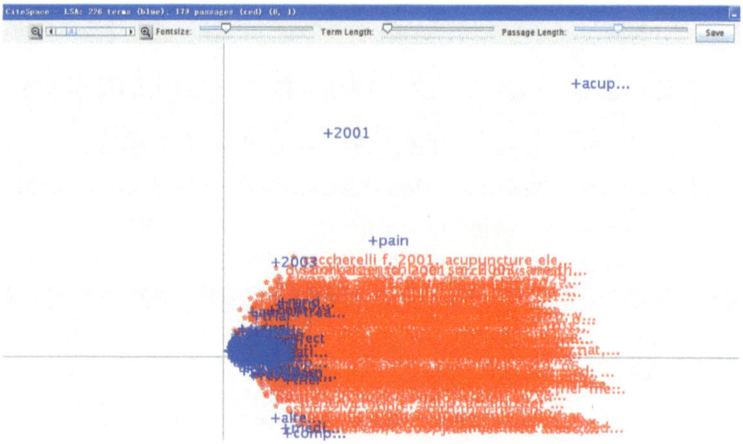


图 7-11　LSA 降维后保留的施引文献 Term 词和段落

## 7.3.3 自动生成报表

当完成 CiteSpace 的所有操作之后，即形成有标签的自动聚类图谱后，在可视化界面点击下拉菜单“Export→Generate a Narrative”，将会自动生成一份分析报表，便于用户对图谱的解读。报告形式如下：

*AUTOMATICALLY GENERATED NARRATIVES*

*Time of creation: Thu May 15 10: 55: 25 CST 2014*

MAJOR CLUSTERS　聚类信息

*The network is divided into 21 co-citation clusters. These clusters are labeled by index terms from their own citers. The largest 8 clusters are summarized.*

*Table 1. Summary of the largest 8 clusters.*

| ClusterID | Size | Silhouette | Label (TFIDF) | Label (LLR) | Label (MI) | mean (Citee Year) |
|---|---|---|---|---|---|---|
| 14 | 111 | 0.958 | (17.31) smallpox | biological (187.27, 1.0E-4) | administration | 1996 |
| 13 | 62 | 0.996 | (16.86) ocular | injuries (192.01, 1.0E-4) | disaster | 1985 |
| 9 | 37 | 0.932 | (16.16) disorder | september (164.01, 1.0E-4) | associated | 1995 |
| 17 | 17 | 0.176 | (9.53) gang | chance (20.34, 1.0E-4) | history | 1992 |
| 10 | 12 | 0.958 | (11.33) long-term | long-term (79.31, 1.0E-4) | unabomber | 1989 |
| 11 | 8 | 0.946 | (11.77) liberal | liberal (59.03, 1.0E-4) | internal | 1989 |
| 1 | 7 | 1 | (11.16) assured | 2000 (53.24, 1.0E-4) | ethics | 1987 |
| 4 | 7 | 1 | (8.6) model | model (28.5, 1.0E-4) | 21st | 1991 |

*The largest cluster (# 14) has 111 members and a silhouette value of 0.958. It is labeled as biological by LLR, smallpox by TFIDF, and administration by MI. The most active citer to the cluster is 0.19 Balk,, SJ (2000) chemical-biological terrorism and its impact on children: a subject review.*

*The second largest cluster (# 13) has 62 members and a silhouette value of 0.996. It is labeled as injuries by LLR, ocular by TFIDF, and disaster by MI. The most active citer to the cluster is 0.4 Mines,, M (2000) ocular injuries sustained by survivors of the oklahoma city bombing.*

*The third largest cluster (# 9) has 37 members and a silhouette value of 0.932. It is labeled as september by LLR, disorder by TFIDF, and associated by MI. The most active citer to the cluster is 0.22 Galea,, S (2003) trends of probable post-traumatic stress disorder in new york city after the september 11 terrorist attacks.*

*The 4th largest cluster (# 17) has 17 members and a silhouette value of 0.176. It is labeled as chance by LLR, gang by TFIDF, and history by MI. The most active citer to the cluster is 0.18 ONeill,, MA (1996) northern ireland tourism: what chance now?.*

*The 5th largest cluster (# 10) has 12 members and a silhouette value of 0.958. It is labeled as long-term by both LLR and TFIDF, and as unabomber by MI. The most active citer to the cluster is 0.5 Desivilya,, HS (1996) extent of victimization, traumatic stress symptoms, and adjustment of terrorist assault survivors: a long-term follow-up.*

*The 6th largest cluster (# 11) has 8 members and a silhouette value of 0.946. It is labeled as liberal by both LLR and TFIDF, and as internal by MI. The most active citer to the cluster is 0.62 Crelinsten,, RD (1998) the discourse and practice of counter terrorism in liberal democracies.*

*The 7th largest cluster (# 1) has 7 members and a silhouette value of 1. It is labeled as 2000 by LLR, assured by TFIDF, and ethics by MI. The most active citer to the cluster is 0.86 Forrow,, L (1998) medicine and nuclear war - from hiroshima to mutual assured destruction to abolition 2000.*

*The 8th largest cluster (# 4) has 7 members and a silhouette value of 1. It is labeled as model by both LLR and TFIDF, and as 21st by MI. The most active citer to the cluster is 0.43 Brandt,, PT (2000) dynamic modeling for persistent event-count time series.*

CITATION COUNTS 高被引论文信息

*The top ranked item by citation counts is Schuster MA (2001) in Cluster # 9, with citation counts of 38. The second one is Franz DR (1997) in Cluster # 14, with citation counts of 35. The third is Galea S (2002) in Cluster # 9, with citation counts of 31. The 4th is Inglesby TV (1999) in Cluster # 14, with citation counts of 30. The 5th is Henderson DA (1999) in Cluster # 14, with citation counts of 30. The 6th is Torok TJ (1997) in Cluster # 14, with citation counts of 29. The 7th is Henderson DA (1999) in Cluster # 14, with citation counts of 27. The 8th is North CS (1999) in Cluster # 9, with citation counts of 23. The 9th is * am PSYCH ASS (1994) in Cluster # 9, with citation counts of 23. The 10th is Meselson M (1994) in Cluster # 14, with citation counts of 21.*

| citation counts | references | cluster # |
|---|---|---|
| 38 | Schuster MA, 2001, NEW ENGL J MED, V345, P1507 | 9 |
| 35 | Franz DR, 1997, JAMA-J AM MED ASSOC, V278, P399 | 14 |
| 31 | Galea S, 2002, NEW ENGL J MED, V346, P982 | 9 |
| 30 | Inglesby TV, 1999, JAMA-J AM MED ASSOC, V281, P1735 | 14 |
| 30 | Henderson DA, 1999, JAMA-J AM MED ASSOC, V281, P2127 | 14 |
| 29 | Torok TJ, 1997, JAMA-J AM MED ASSOC, V278, P389 | 14 |
| 27 | Henderson DA, 1999, SCIENCE, V283, P1279 | 14 |
| 23 | * am PSYCH ASS, 1994, DIAGN STAT MAN MENT, V, P | 9 |
| 21 | Meselson M, 1994, SCIENCE, V266, P1202 | 14 |

BURSTS 突现节点信息

*The top ranked item by bursts is Schuster MA (2001) in Cluster # 9, with bursts of 8.94. The second one is Cooper GJ (1983) in Cluster # 13, with bursts of 4.60. The third is North CS (1999) in Cluster # 9, with bursts of 4.45. The 4th is Inglesby TV (1999) in Cluster # 14, with bursts of 4.02. The 5th is Frykberg ER (1988) in Cluster # 13, with bursts of 3.51. The 6th is Henderson DA (1999) in Cluster # 14, with bursts of 3.08. The 7th is Inglesby TV (2000) in Cluster # 14, with bursts of 3.07. The 8th is Khan AS (2000) in Cluster # 14, with bursts of 3.02. The 9th is Carter A (1998) in Cluster # 14, with bursts of 2.81. The 10th is Torok TJ (1997) in Cluster # 14, with bursts of 2.78.*

| bursts | references | cluster # |
|---|---|---|
| 8.94 | Schuster MA, 2001, NEW ENGL J MED, V345, P1507 | 9 |
| 4.60 | Cooper GJ, 1983, J TRAUMA, V23, P955 | 13 |
| 4.45 | North CS, 1999, JAMA-J AM MED ASSOC, V282, P755 | 9 |
| 4.02 | Inglesby TV, 1999, JAMA-J AM MED ASSOC, V281, P1735 | 14 |
| 3.51 | Frykberg ER, 1988, ANN SURG, V208, P569 | 13 |
| 3.07 | Inglesby TV, 2000, JAMA-J AM MED ASSOC, V283, P2281 | 14 |
| 3.02 | Khan AS, 2000, LANCET, V356, P1179 | 14 |
| 2.81 | Carter A, 1998, FOREIGN AFF, V77, P80 | 14 |
| 2.78 | Torok TJ, 1997, JAMA-J AM MED ASSOC, V278, P389 | 14 |

CENTRALITY 高中介中心性节点信息

*The top ranked item by centrality is Frykberg ER (1988) in Cluster # 13, with centrality of 0.22. The second one is Hoffman B (1998) in Cluster # 14, with centrality of 0.21. The third is Schmid AP (1988) in Cluster # 10, with* *centrality of 0. 21. The 4th is Call JA (1999) in Cluster # 9, with centrality of 0. 15. The 5th is Henderson DA (1999) in Cluster # 14, with centrality of 0. 14. The 6th is Holloway HC (1997) in Cluster # 14, with centrality of 0. 14. The 7th is * am PSYCH ASS (1994) in Cluster # 9, with centrality of 0. 13. The 8th is Okumura T (1998) in Cluster # 14, with centrality of 0. 12. The 9th is Burgess JL (1999) in Cluster # 14, with centrality of 0. 12. The 10th is Brismar B (1982) in Cluster # 13, with centrality of 0. 11.*

| centrality | references | cluster # |
|---|---|---|
| 0. 22 | Frykberg ER, 1988, ANN SURG, V208, P569 | 13 |
| 0. 21 | Hoffman B, 1998, INSIDE TERRORISM, V, P | 14 |
| 0. 21 | Schmid AP, 1988, POLITICAL TERRORISM, V, P | 10 |
| 0. 15 | Call JA, 1999, PSYCHIATR SERV, V50, P953 | 9 |
| 0. 14 | Henderson DA, 1999, JAMA-J AM MED ASSOC, V281, P2127 | 14 |
| 0. 14 | Holloway HC, 1997, JAMA-J AM MED ASSOC, V278, P425 | 14 |
| 0. 13 | * am PSYCH ASS, 1994, DIAGN STAT MAN MENT, V, P | 9 |
| 0. 12 | Okumura T, 1998, ACAD EMERG MED, V5, P618 | 14 |
| 0. 12 | Burgess JL, 1999, ANN EMERG MED, V34, P205 | 14 |
| 0. 11 | Brismar B, 1982, J TRAUMA, V22, P216 | 13 |

SIGMA 高 *Sigma* 值节点信息

*The top ranked item by sigma is Frykberg ER (1988) in Cluster # 13, with sigma of 1. 00. The second one is Hoffman B (1998) in Cluster # 14, with sigma of 1. 00. The third is Schmid AP (1988) in Cluster # 10, with sigma of 1. 00. The 4th is Call JA (1999) in Cluster # 9, with sigma of 1. 00. The 5th is Henderson DA (1999) in Cluster # 14, with sigma of 1. 00. The 6th is Holloway HC (1997) in Cluster # 14, with sigma of 1. 00. The 7th is * am PSYCH ASS (1994) in Cluster # 9, with sigma of 1. 00. The 8th is Okumura T (1998) in Cluster # 14, with sigma of 1. 00. The 9th is Burgess JL (1999) in Cluster # 14, with sigma of 1. 00. The 10th is Brismar B (1982) in Cluster # 13, with sigma of 1. 00.*

| sigma | references | cluster # |
|---|---|---|
| 1. 00 | Frykberg ER, 1988, ANN SURG, V208, P569 | 13 |
| 1. 00 | Hoffman B, 1998, INSIDE TERRORISM, V, P | 14 |
| 1. 00 | Schmid AP, 1988, POLITICAL TERRORISM, V, P | 10 |
| 1. 00 | Call JA, 1999, PSYCHIATR SERV, V50, P953 | 9 |
| 1. 00 | Henderson DA, 1999, JAMA-J AM MED ASSOC, V281, P2127 | 14 |
| 1. 00 | Holloway HC, 1997, JAMA-J AM MED ASSOC, V278, P425 | 14 |
| 1. 00 | * am PSYCH ASS, 1994, DIAGN STAT MAN MENT, V, P | 9 |
| 1. 00 | Okumura T, 1998, ACAD EMERG MED, V5, P618 | 14 |
| 1. 00 | Burgess JL, 1999, ANN EMERG MED, V34, P205 | 14 |
| 1. 00 | Brismar B, 1982, J TRAUMA, V22, P216 | 13 |

# 8 其他功能

CiteSpace 是一个功能强大的信息可视化工具，它还能实现双图叠加（overlay）、鱼眼视图（fish-eye）、地理地图等其他功能。

## 8.1 双图叠加

双图叠加功能是将一幅 CiteSpace 图谱上叠加到另一幅图谱之上，前者称为叠加图，后者称为底图（base map）。通过双图叠加功能，可以展现一张图谱所代表的知识领域在另一张图谱所代表的知识领域中的分布和地位（图 8-1 a），但 CiteSpace3. 8. R3 还无法实现此高级功能，我们用现有版本绘制了另一种双图叠加图谱（图 8-1 b）。

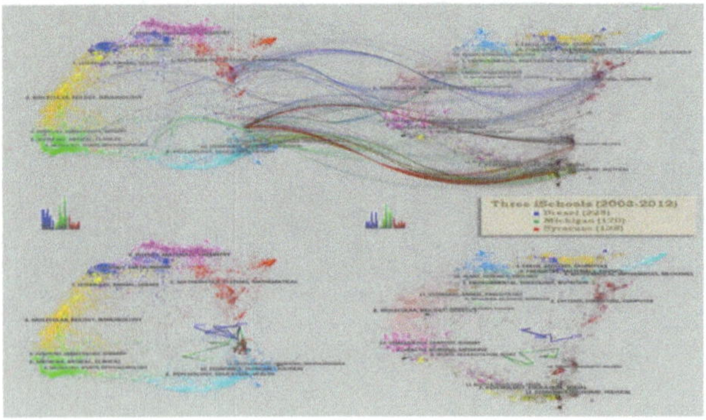

a. 三个 iSchools 的引文叠加图

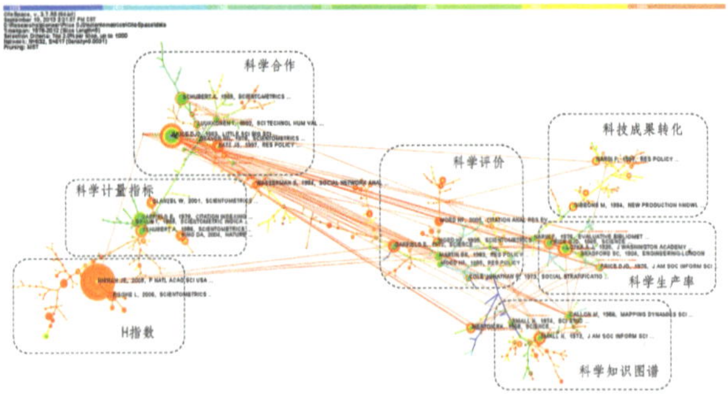


b. 《小科学、大科学》在 *Scientometrics* 期刊中的被引叠加图

图 8-1　双图叠加图谱

（底图是文献共被引图谱，展现了 *Scientometrics* 期刊的 7 个主要研究领域；叠加图为普赖斯《小科学、大科学》一书的施引文献的文献共被引图谱。叠加后的图谱可以展现普赖斯的影响力主要体现在 b 图中 7 个领域中的“科学合作”和“科学评价”方面）

资料来源：Chaomei Chen & Loet Leydesdorff. Patterns of connections and movements in Dual-Map overlays: a new method of publication portfolio analysis. Journal of the Association for Information Science and Technology. 2014，65，(2)：334-351.

现有版本的 CiteSpace 双图叠加功能实现的操作步骤如图 8-2 所示。

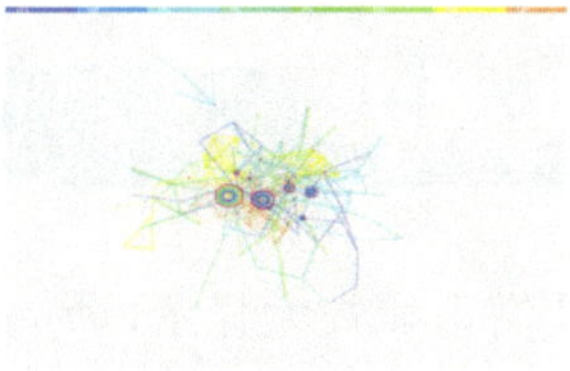

a. 首先绘制叠加图的图谱

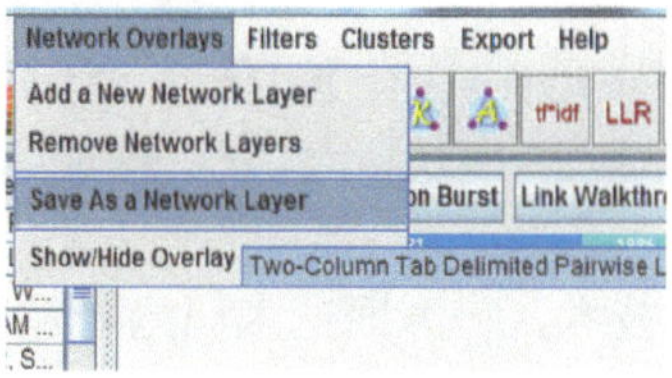


b. 点击菜单进行保存该图层

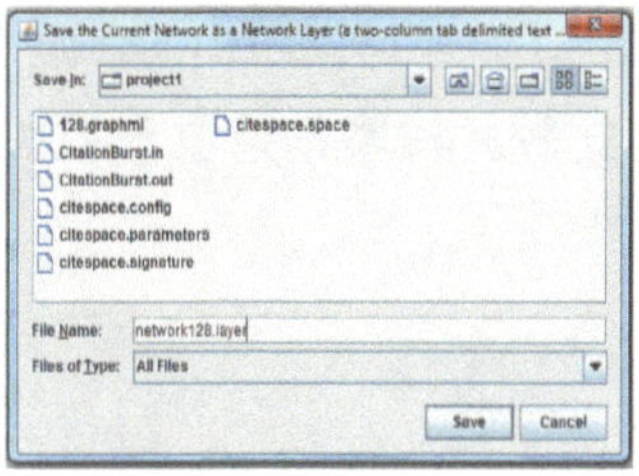


c. 将该图谱保存为 network128.layer

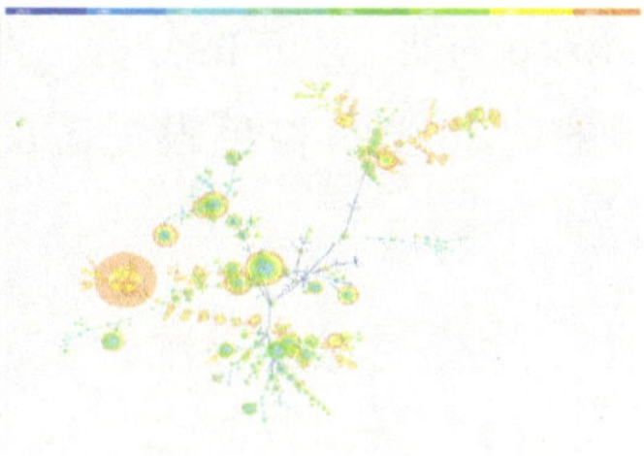

d. 然后绘制底图的图谱

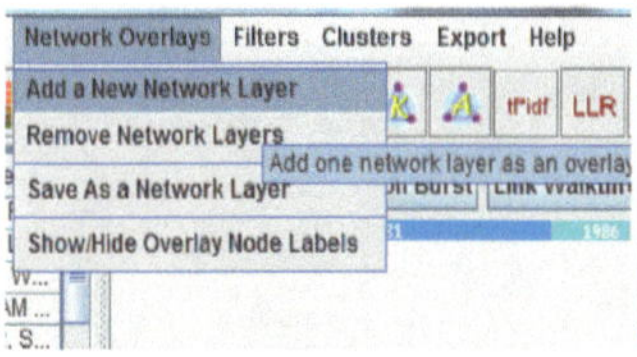


e. 点击菜单添加一个新图层

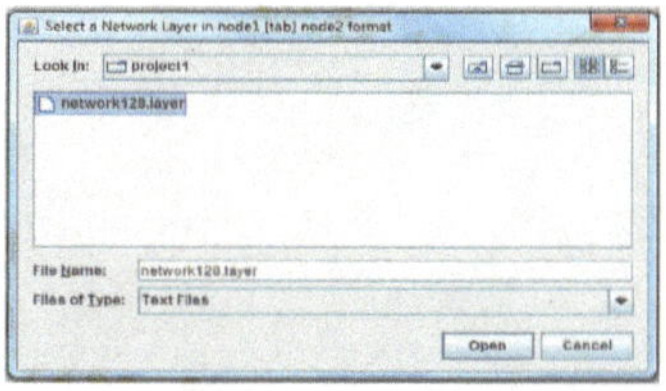


f. 选中之前保存的 network128.layer

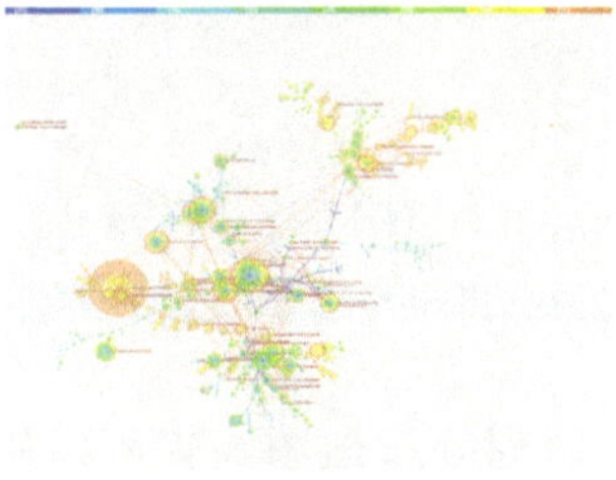

g. 最终生成叠加图效果

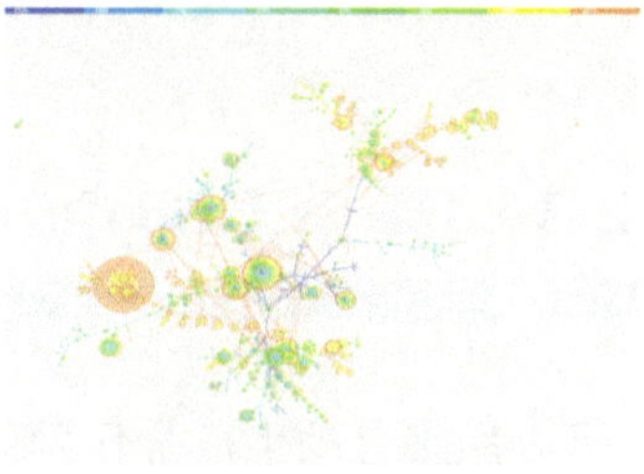

h. 叠加图效果（不含标签）

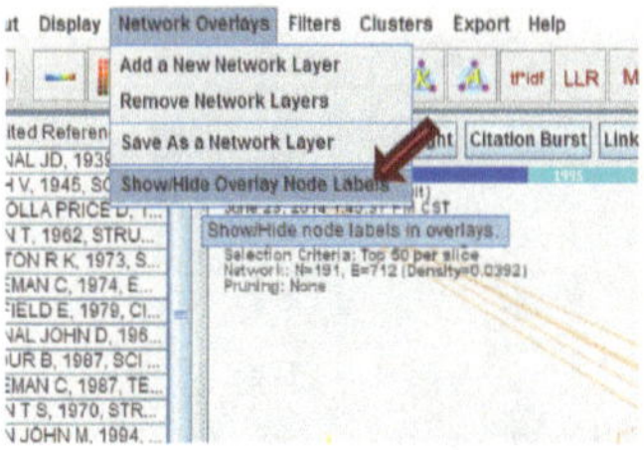


i. 是否含标签可从菜单中切换

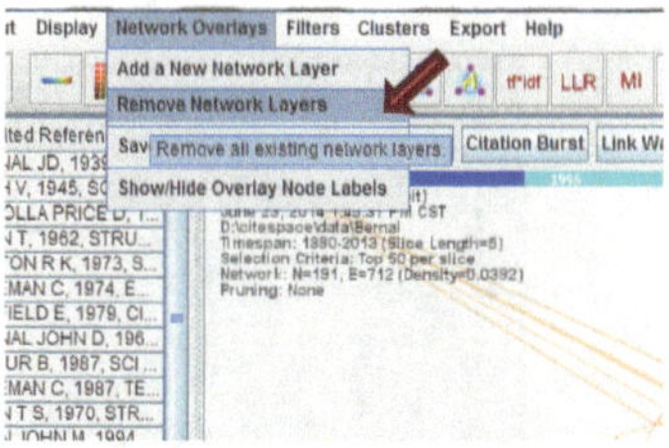


j. 可从菜单中删除叠加图

图 8-2　双图叠加的操作步骤

## 8.2 鱼眼视图

鱼眼视图技术，一方面把人们感兴趣的研究区域放大显示，另一方面使焦点周围的信息内容逐渐缩小，而且保持着整体视图的可见性，这是一种 Focus+Context 技术。CiteSpace 为便于用户的分析，提供了基于时间线图的鱼眼视图功能，图 8-3 显示的是一般时间线图和鱼眼视图的比较。其操作条位于视图控制面板下方 

。

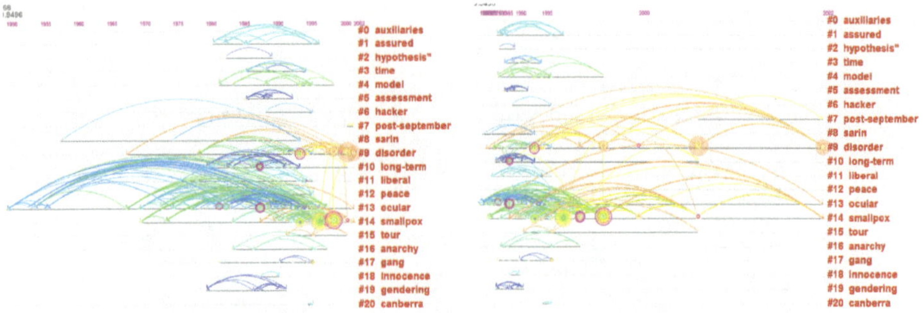


a. 常规时间线图　　b. 时间线图的鱼眼视图

图 8-3　一般时间线图和鱼眼视图的比较

## 8.3 基于 Google Earth 的知识图谱

CiteSpace 可以用来自动生成合作网络地理分布地图，它可以从空间位置上直观地显示出作者和合作作者之间的关系（图 8-4）。

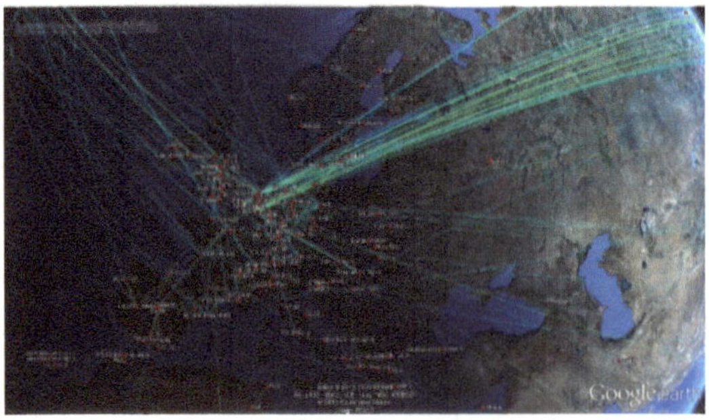

图 8-4　合作网络的地理图谱[16]

基于 Google Earth 知识图谱的绘制首先需要在电脑中安装 Google 地图程序（Google Earth），然后如图 8-5 进行操作。

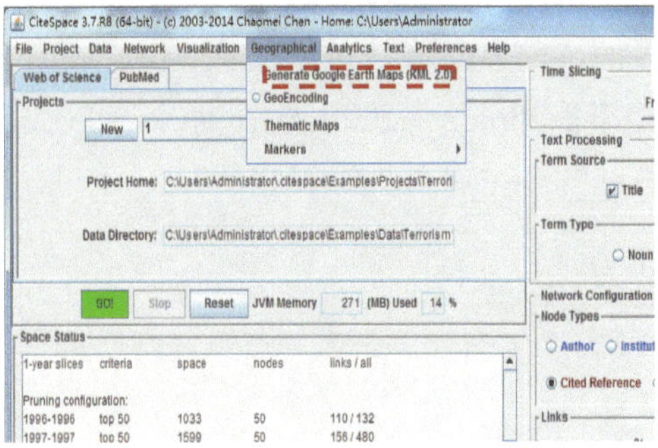

a. 在CiteSpace运行主页面选择下拉菜单“Geographical→Generate Google Earth Maps(KML 2.0)”

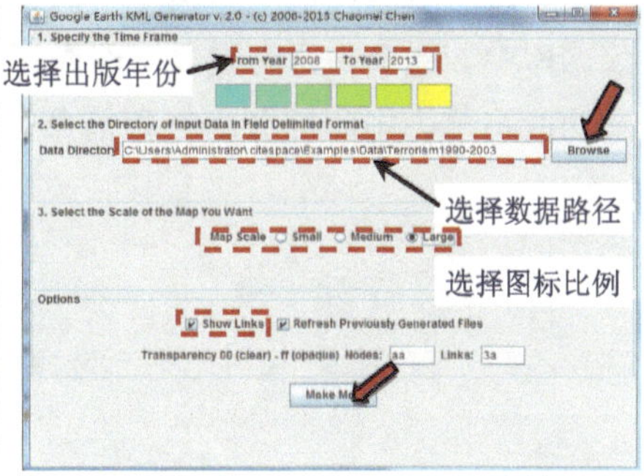


b. 弹出界面。选择出版年份、数据路径、图标比例

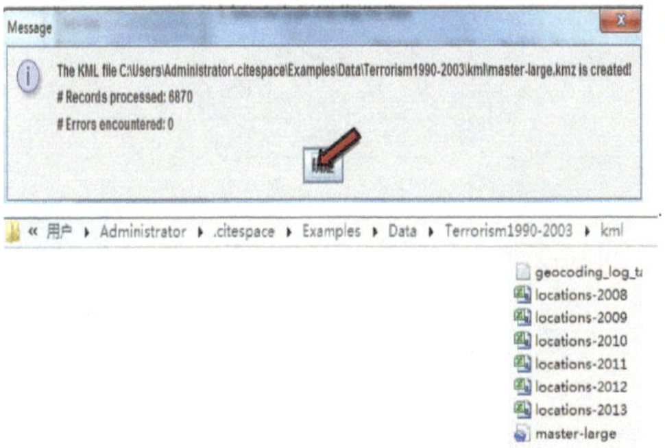

c. 弹出界面。表明在数据路径“Data→Terrorism 1990-2003→kml→”下成功生成文件 master-large.kmz

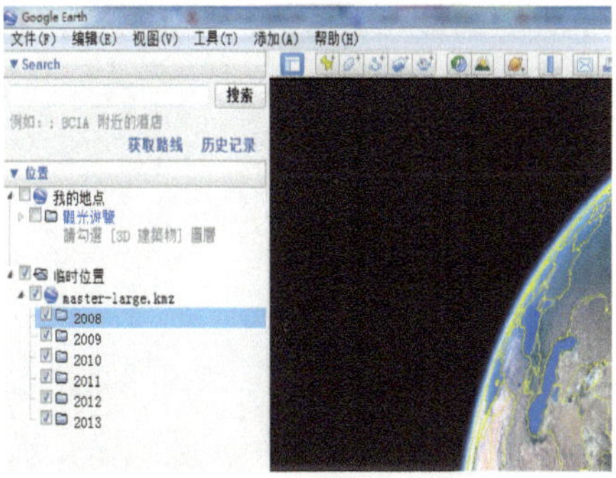

d. 双击数据路径下的文件“master-large.kmz”，即在Google Earth中打开文件 master-large.kmz，成功实现基于Google Earth的知识图谱

图 8-5　基于 Google Earth 的知识图谱

## 8.4　CiteSpace 的数据处理功能

CiteSpace 软件内置了 MySQL 数据库，可以导入 WoS 格式的 . txt 数据。通过菜单按钮或直接输入 SQL 语句，可以对生成的数据库进行查询和更新，实现对数据的统计、过滤和清洗。CiteSpace 软件 3. 7. R7 版本中的内置数据库采用

的是 MySQL 数据库技术，要求本地机器可以成功运行 MySQL 数据库，并且需要在“C：\ Documents and Settings \ Administrator \ . citespace”文件夹下创建一个名为“mysql. ini”的数据库文件，而后导入的数据文件信息都将存储于此数据库中。图 8-6 为内置数据库操作界面，此界面可以划分为三部分，最上部分是功能菜单，中间部分为工程信息、最下面部分为 SQL 语句查询。

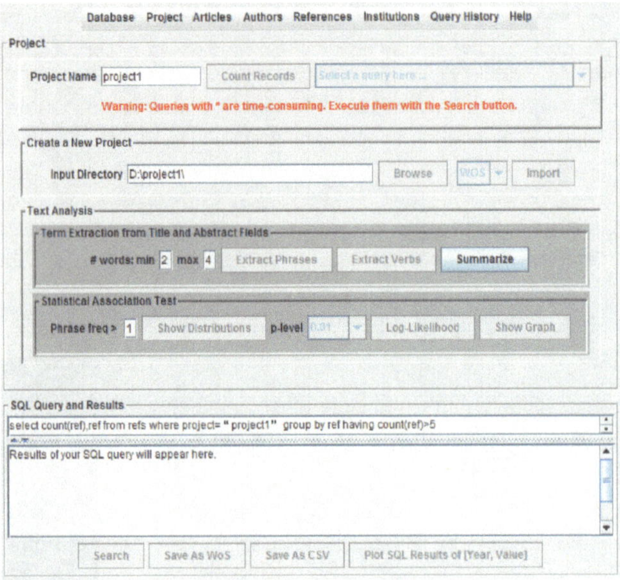


图 8-6 CiteSpace 内置数据库操作界面

例如，想要查询数据库文件“project1”（需事先创建并导入数据）中被引频次大于 5 的引文，可以在查询栏中输入“select count（ref），ref from refs where project= “project1” group by ref having count（ref）>5”进行查询，查询结果可以保存为 WoS 格式或 CSV 格式。

通过“update” SQL 语句，还可以对数据表中的数据进行修改。例如，输入“UPDATE refs SET ref= Kuhn，T. S.，STRUCTURE SCI REVOLU，1962’ WHERE project=’ project1’ and ref =’ Kuhn，T.，STRUCTURE SCIREVOLU，1962?’”，可以将所有写成“Kuhn，T.，STRUCTURE SCIREVOLU，1962”的引文统一成“Kuhn，T. S.，STRUCTURE SCIREVOLU，1962”。修改后的数据可以利用数据库的导出功能重新生成 WoS 格式，以便在 CiteSpace 中重新运行和可视化。

## 8.5 概 念 树

在 CiteSpace 中，可以将非结构文本转化成概念树（concept）和谓语树（predicate trees）。要生成概念树和谓语树，有三种输入方式：

（1）将文本粘贴到输入窗口；

（2）导入一个纯文本文档；

（3）导入一个含 WoS 格式文件的文件夹。

可以通过在 CiteSpace 的运行主界面的下拉菜单“Text→Bulid Concept/Predicate Trees（…）”下进行功能选择（图 8-7，以“Cut and Paste”为例）。

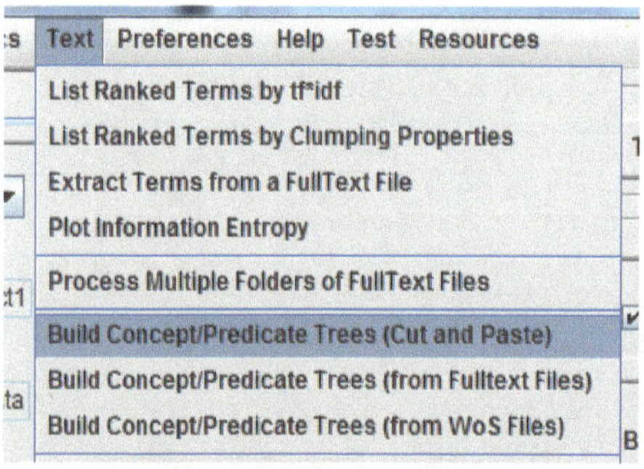


a. 生成概念树/谓语树的三种输入方式

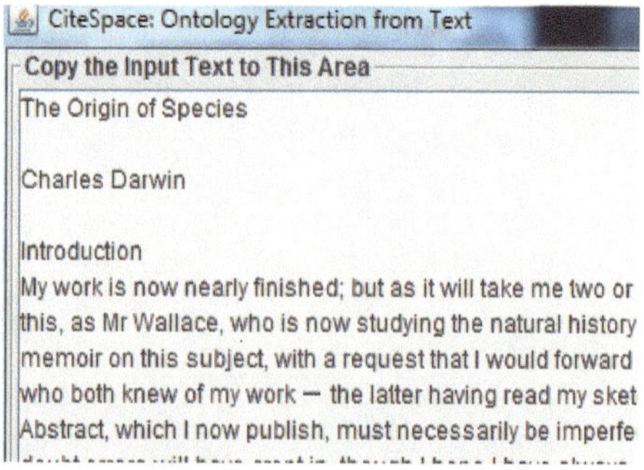


b. 选择 Cut and Paste 方式，粘贴文本到窗口

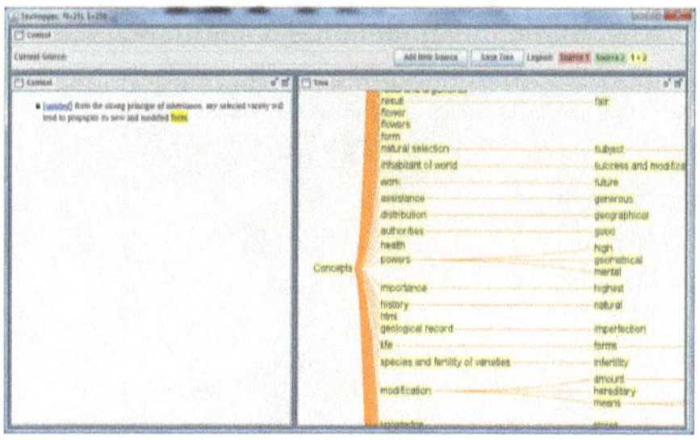

c. 根据文本生成的概念树

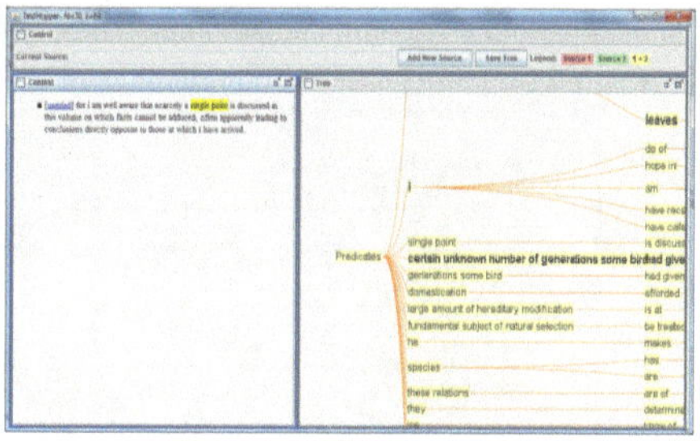

d. 根据文本生成的谓语树

图 8-7　以“Cut and Paste”为例的概念树和谓语树生成操作

概念树/谓语树窗口由两个面板组成：①右侧的可视化面板，展示概念树/谓语树的树状图构造；②左侧的上下文面板，展示包含树状图上某一个概念/谓语的上下文语境。可以利用鼠标对二者进行交互。将鼠标滑过树状图的节点上，

右侧的上下文面板中会显示左侧对应节点的上下文语境。另外，按住鼠标左键可以对树状图进行上下左右移动。按住 Ctrl 键的同时按住鼠标右键上下移动，可以对概念树/谓语树进行放大或缩小操作。

另外，CiteSpace 还可以实现对两个概念树/谓语树的比较。下面我们以“恐怖主义”案例为例（图 8-8），演示如何生成两个概念树/谓语树，并进行叠加比较。其中，红色的来自文本 1，绿色的来自文本 2，黄色的是两个文本中共有的概念/谓语。

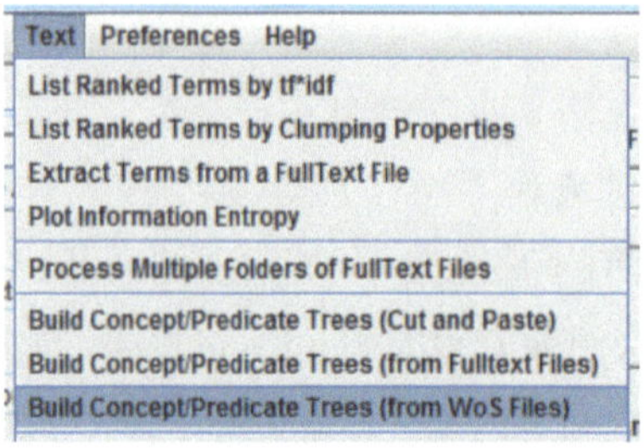


a. 利用 fromWoS Files 的方法导入数据

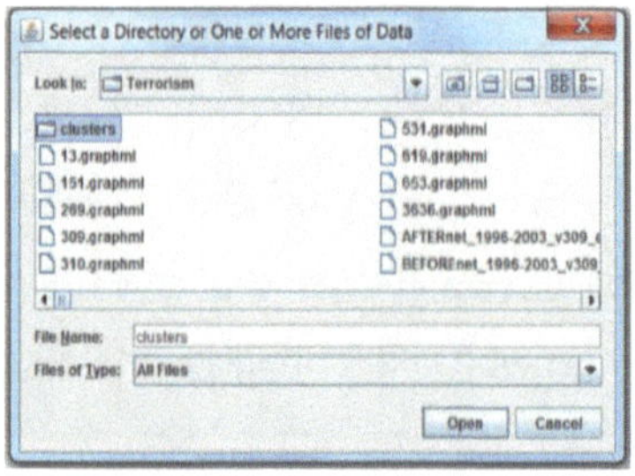


b. 打开 cluster 文件夹（需要先实现）

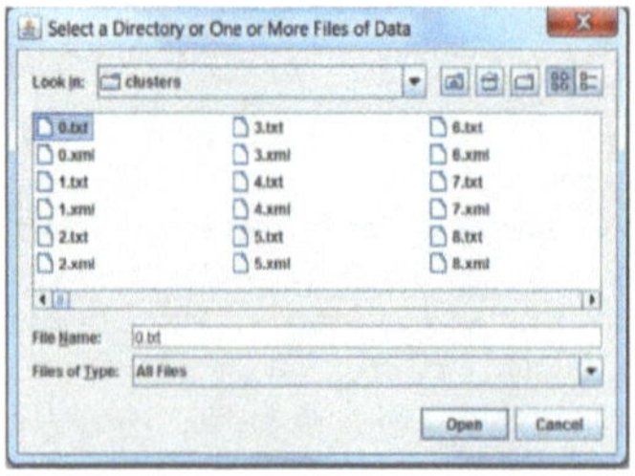


c. 打开 0.txt 即最大规模聚类的文本

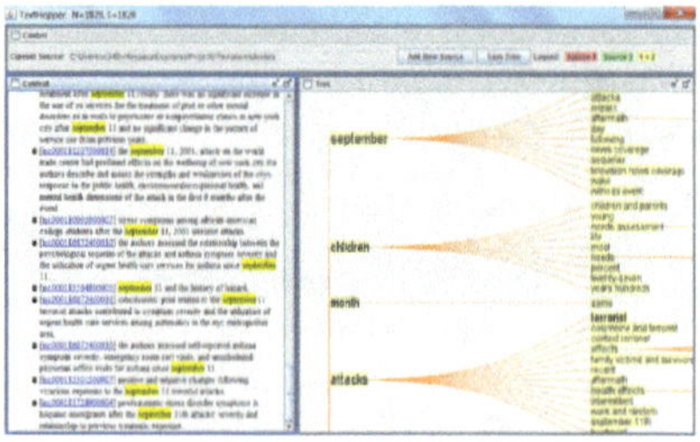

d. 生成概念树/谓语树

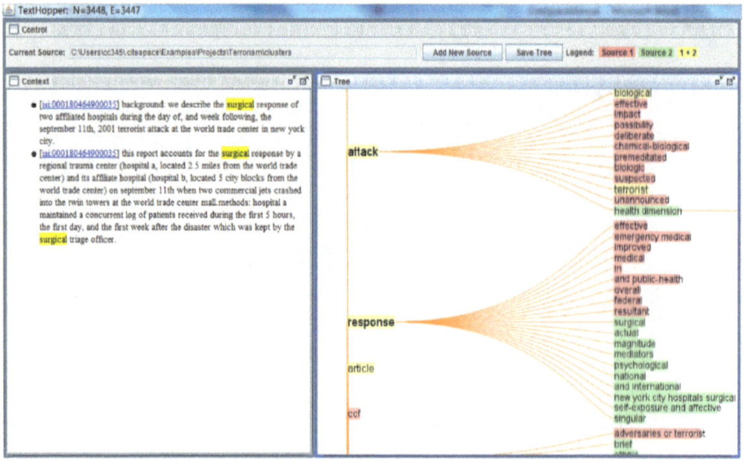


e. 添加一些新的文本文件，如 1.txt，生成合成概念树

图 8-8　两个概念树/谓语树的叠加比较操作

# 9 经典案例

我们将选取 4 个经典案例来展示 CiteSpace 软件“一图展春秋，一览无余；一图胜万言，一目了然”的强大功能。这 4 个案例有 3 个来自于陈超美的论文，另外 1 个中文的案例则来自于刘则渊发表在《科学学与科学技术管理》期刊中的一篇文章。

## 9.1 恐怖主义

2001 年 9 月 11 日，美国本土发生了最大规模的恐怖主义事件。恐怖分子劫持了 4 架民航飞机，相继撞上纽约的地标性建筑——世贸中心双子塔和华盛顿的五角大楼。这次事件造成世贸中心双子塔坍塌，共有 3000 多人在这次事件中丧生，6000 多人受伤，全美进入紧急状态。联邦政府启动末日计划，曼哈顿地区进行了整体疏散，白宫和国会山关闭，舰队开进纽约港；所有民航飞机停止起飞，大型机场关闭，所有到往美国的国际航班改飞加拿大。加拿大、英国、澳大利亚等美国传统盟国也进入紧急状态，北约首次启动共同防卫机制。

“9・11”事件在产生根源、目标手段、表现形式和国际影响等诸多方面都不同与之前的恐怖主义事件。“9・11”事件后，美国发动了对阿富汗塔利班政权的军事袭击，全球掀起了反恐的序幕。“恐怖主义”变成政府以及科学家们面临的一个重要的并全新的研究课题。

### 9.1.1 研究目的

在上述研究背景下，本案例的主要研究目的是发现“恐怖主义研究继‘9・11’事件之后出现了哪些新的变化”。

### 9.1.2 数据来源

数据库：WoS

检索式：主题＝terrorism，年份＝（1990-2003）

检索结果：1776 篇文章

## 9.1.3 图谱展示

### 1. 全局聚类图

在由 335 个节点组成的被引文章（知识基础）和引文专业术语（知识前沿）混合网络中，出现了 3 个明显的聚类（图 9-1）。

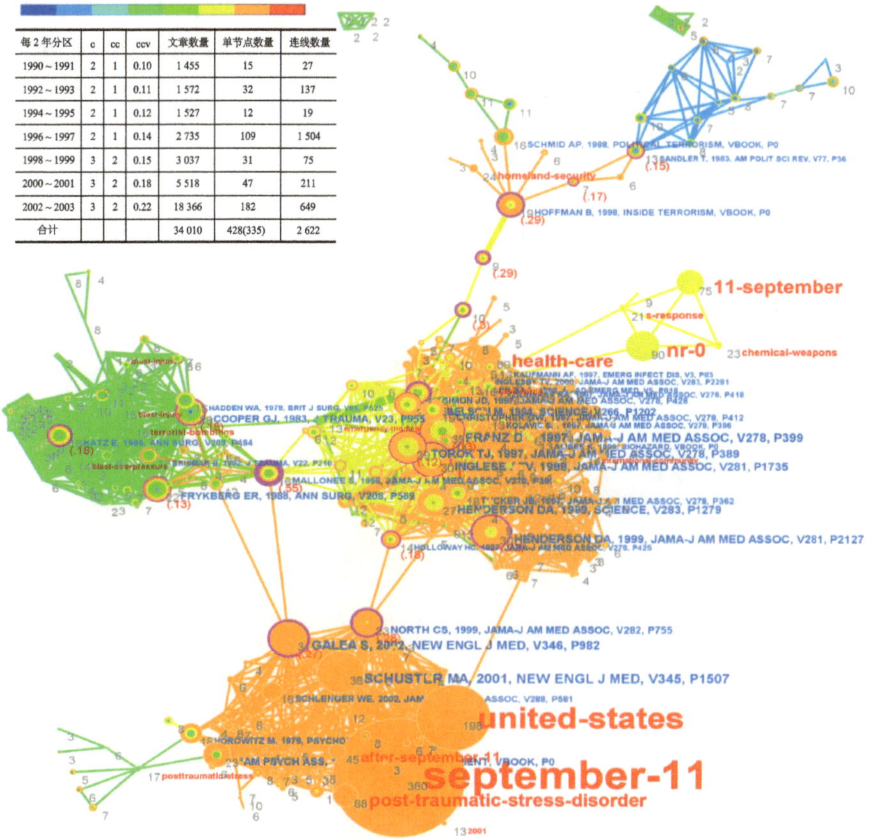

| 每 2 年分区 | c | cc | ccv | 文章数量 | 单节点数量 | 连线数量 |
|---|---|---|---|---|---|---|
| 1990～1991 | 2 | 1 | 0.10 | 1 455 | 15 | 27 |
| 1992～1993 | 2 | 1 | 0.11 | 1 572 | 32 | 137 |
| 1994～1995 | 2 | 1 | 0.12 | 1 527 | 12 | 19 |
| 1996～1997 | 2 | 1 | 0.14 | 2 735 | 109 | 1 504 |
| 1998～1999 | 3 | 2 | 0.15 | 3 037 | 31 | 75 |
| 2000～2001 | 3 | 2 | 0.18 | 5 518 | 47 | 211 |
| 2002～2003 | 3 | 2 | 0.22 | 18 366 | 182 | 649 |
| 合计 | | | | 34 010 | 428(335) | 2 622 |



图 9-1 在由 335 个节点组成的混合网络

聚类 $C_A$：在恐怖爆炸中造成的身体外伤（左上，绿色），

聚类 $C_B$：与生化武器威胁相关的卫生保健（右上，亮黄一橘色）

聚类 $C_C$：“9·11”恐怖袭击事件对受害者心理和精神的影响（中下，橘色）。

聚类 $C_A$ 表示在恐怖爆炸中形成的躯体受损的学科专业，尤指外科。前沿术语有 body injuries（身体外伤）和 terrorist（恐怖爆炸）。Cooper-1983，Frykberg-1988 和 Katz-1989 都是构成知识基础的代表性文章。

$C_B$ 表示与生化武器威胁相关的卫生保健研究，由左半部亮黄色和右半部橘色两部分构成，左半部的主导前沿术语是 emergency medical（急救），右半部的是 health care（卫生保健），两个部分都与作为应对生化武器引起的潜在大规模灾难的卫生保健和紧急系统的脆弱性相关。

$C_C$ 表示“9・11”恐怖袭击导致的心理和精神紊乱的相关研究。前沿术语有 September 11（9・11），United States（美国）和 post-traumatic stress disorder（创伤后应激障碍，PTSD）。

## 2. 局部图和关键节点

图 9-2 是图 9-1 的一个局部图。这个视图显示了位于三个聚类（$C_A$，$C_B$，$C_C$）之间具有重要意义的关键节点文献信息。

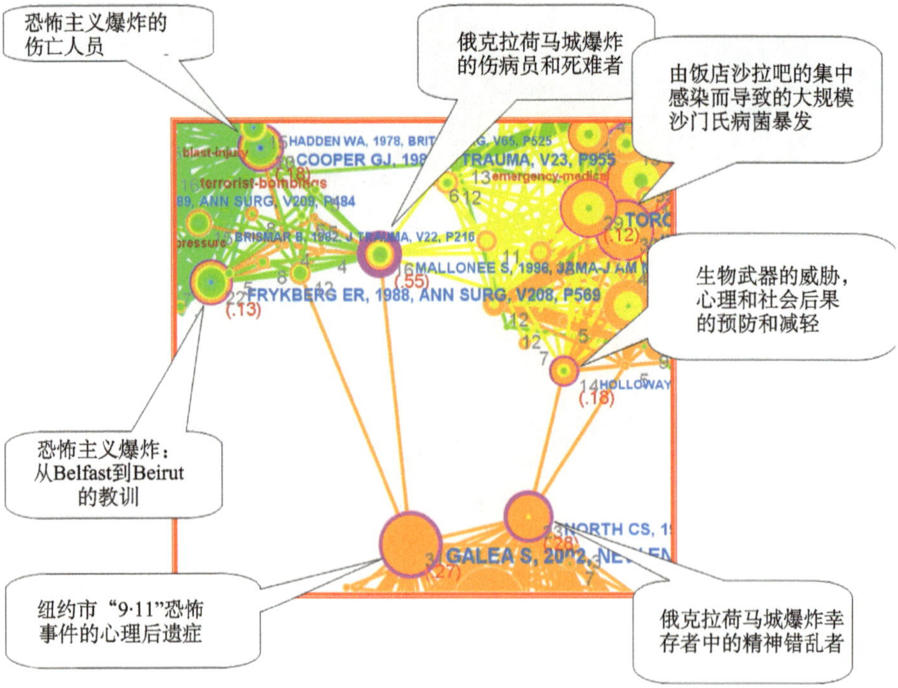


图 9-2　展现聚类间关键节点文献信息的局部图谱

$C_A$ 和 $C_B$ 通过一个关键点"Mallonee-1996"相连，这篇文章对由1995年俄克拉荷马城爆炸引起的灾祸作了全面的研究。因为这是一篇关于恐怖爆炸的人体外伤治疗和灾难处理的文章，故与 $C_A$ 相连。另外，这篇文章中的伤病和灾难是起因于俄克拉荷马城爆炸，故也同 $C_B$ 相连。$C_C$ 仅通过"Galea-2002"与 $C_A$ 相连，也仅通过 North-1999 与 $C_B$ 相连。$C_B$ 和 $C_C$ 是通过"Holloway-1997"和"North-1999"之间的关键词而联系起来的。$C_B$ 中的"Holloway-1997"是一篇关于应对可能的大规模破坏性恐怖袭击的卫生保健准备的文章，从心理学角度看，"Holloway-1997"对应于恐怖主义研究的 PTSD 一面。$C_B$ 和 $C_C$ 的另外一个连接则通过一个词——United States（美国）。

### 9.1.4 案例总结

这是一个利用 CiteSpace 工具来讲故事的一个经典案例。围绕两个具有重要影响的恐怖主义事件——1995年俄克拉荷马城爆炸和2001年的"9·11"事件，CiteSpace 清晰地展现了"恐怖主义"研究上的两次重要转折，并便捷地识别出每次转折中的关键节点，为我们了解恐怖主义的研究进展提供了一种可视化的直观生动的全局图景。

本案例充分体现了 CiteSpace 在识别转折点方面的优势，这也是 CiteSpace 有别于其他文献可视化工具的优势。在 CiteSpace 中，不同年份的文献用不同的颜色进行表示，冷色表示过去的历史文献，暖色表示最新的当前文献。通过观察图谱由蓝色到红色的渐变过程，就可以解读出该领域的发展脉络和历史演变过程。体现了 CiteSpace"一图展春秋"的特点。

## 9.2 大规模灭绝

地球上曾经发生过五次重要的大规模生物集群灭绝事件。最著名的是发生在6500万年前的"K-T 灭绝事件"（是指介于白垩纪与第三纪之间的灭绝事件），它直接导致了恐龙的灭绝。大规模灭绝的原因是灾变论学者和渐进论学者一直争论的话题。灾变论强调灾难事件引发生物种群灭绝，而渐变论认为通常种群灭绝是一个漫长的演变过程，单一事件并不能决定其过程。早在20世纪80年代初提出的用以解释 K-T 灭绝的撞击说（impact theory）是最为著名的灾变理论，它认为巨大的陨石撞击地球导致了许多物种的灭绝，并于 1990 年已证实了撞击坑的存在。

### 9.2.1 研究目的

本研究的目的是探究运用撞击说相关的专业文献能够在多大程度上探测到新趋势和突变。有许多关键的问题需要通过实例研究来回答。什么是生物种群灭绝研究的最新前沿？在过去几年中撞击说的研究前沿是如何演进的？最热门的研究前沿术语是什么？哪些文章同这些专业术语有关？

### 9.2.2 数据来源

数据库：WoS

检索式：主题＝mass extinction，年份＝(1981-2003)

检索结果：771 篇文章

### 9.2.3 图谱展示

基于“生物种群灭绝数据库”生成了四个视图，即文献共被引网络（图9-3，阈值设置见表 9-1），文献共被引寻径剪枝网络（图 9-4，阈值设置见表 9-2），文献和术语的混合网络（图 9-5），以及强调时间联系的时区视图（图 9-6）。

**表 9-1 515 篇文献形成的共引网络结构阈值设置**

| 每 2 年分区 | c | oc | ccv | 文章数量/篇 | 节点数量/个 | 连线数量/条 |
|---|---|---|---|---|---|---|
| 1981～1982 | 2 | 1 | 0.15 | 64 | 0 | 0 |
| 1983～1984 | 2 | 1 | 0.19 | 27 | 0 | 0 |
| 1985～1986 | 2 | 1 | 0.23 | 163 | 7 | 14 |
| 1987～1988 | 2 | 2 | 0.28 | 205 | 8 | 16 |
| 1989～1990 | 2 | 2 | 0.32 | 331 | 7 | 10 |
| 1991～1992 | 2 | 2 | 0.36 | 1687 | 123 | 353 |
| 1993～1994 | 3 | 3 | 0.40 | 2004 | 31 | 59 |
| 1995～1996 | 3 | 3 | 0.38 | 2908 | 47 | 30 |
| 1997～1998 | 3 | 3 | 0.36 | 4503 | 142 | 522 |
| 1999～2000 | 3 | 3 | 0.34 | 5994 | 156 | 436 |
| 2001～2002 | 3 | 3 | 0.32 | 7431 | 300 | 1181 |
| 2003～2004 | 4 | 4 | 0.30 | 7029 | 101 | 243 |
| 合计 | | | | 32 409 | 922（515） | 2864 |

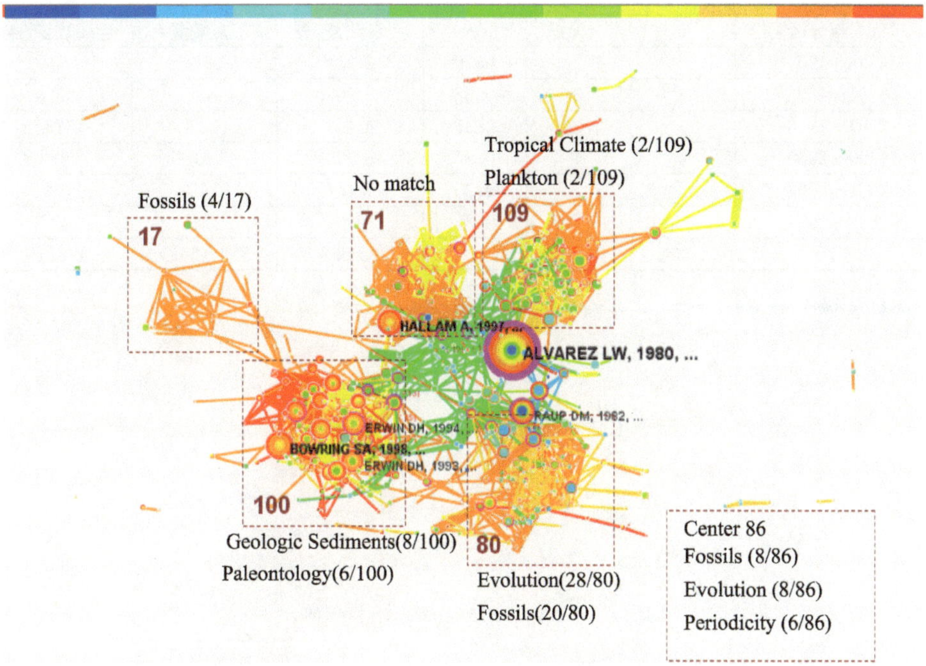


图 9-3 关于生物种群灭绝的 515 篇文章形成的共引网络时区视图（12 个 2 年分区）

（5 个聚类，中心区域标注有 MeSH 指定的专业术语，MeSH 专业术语是根据需要从 PubMed 中检索到的。每个长方形角上的数字代表这个聚类中文章的数量。最新的聚类位于左下角，由 100 篇文章组成的。前两个时区中的文献没有在视图中显示出来）

视图中最突出的文章是“Alvarez LW-1980”，其内容正是前面提到的撞击说。中心区域被 5 个相互联系的稠密聚类围绕着。该网络是将多个时间分区网络合并而形成的。共引网络不能突出显示出研究前沿，但它们显示了研究前沿的发展轨迹。因此，这样的网络不能对诸如“为什么出现了某个特别的共被引文章聚类?”“涉及了哪些研究前沿?”之类问题做出直接的回答。

**表 9-2 第二组阈值设置，541 篇文献形成的共被引网络**

| 每 2 年分区 | c | oc | ccv | 文章数量/篇 | 单节点数量/个 | 连线数量/条 |
|---|---|---|---|---|---|---|
| 1981～1982 | 1 | 1 | 0.35 | 64 | 62 | 1 555 |
| 1983～1984 | 1 | 1 | 0.35 | 27 | 26 | 325 |
| 1985～1986 | 1 | 1 | 0.35 | 163 | 156 | 2 964 |
| 1987～1988 | 2 | 2 | 0.35 | 205 | 8 | 16 |
| 1989～1990 | 2 | 2 | 0.35 | 331 | 7 | 10 |
| 1991～1992 | 2 | 2 | 0.35 | 1 678 | 123 | 353 |

续表

| 每 2 年分区 | c | oc | ccv | 文章数量/篇 | 单节点数量/个 | 连线数量/条 |
|---|---|---|---|---|---|---|
| 1993～1994 | 3 | 3 | 0.35 | 2 004 | 31 | 60 |
| 1995～1996 | 3 | 3 | 0.35 | 2 907 | 47 | 30 |
| 1997～1998 | 3 | 3 | 0.35 | 4 497 | 142 | 523 |
| 1999～2000 | 4 | 4 | 0.35 | 5 990 | 59 | 68 |
| 2001～2002 | 5 | 5 | 0.35 | 7 427 | 145 | 364 |
| 2003～2004 | 5 | 5 | 0.35 | 7 091 | 153 | 93 |
| 合计 | | | | 32 393 | 859 (541) | 6 361 |

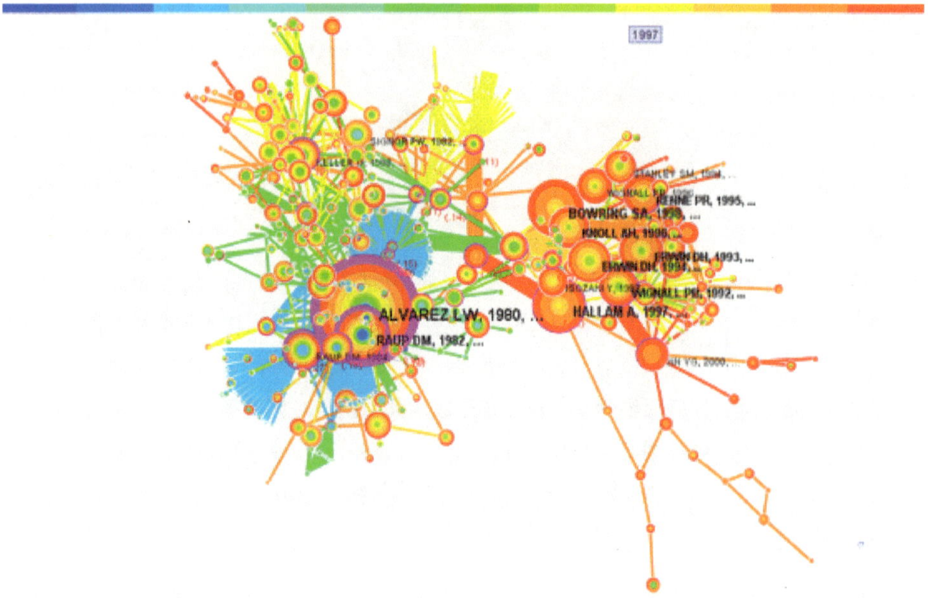


图 9-4　合并 12 个寻径剪枝网络形成的 541 篇文章共被引网络

（前两个时间分区中的文献显示在视图中。最突出的聚类也是最新形成的，即图右侧的聚类）

在 1981～1982 年，62 篇文章之间有 1555 个共引链接。同样的，在 1985～1986 年，在 156 篇文章间有 2964 个共引链接。这些文章除了与 Alvarez-1980 共引外，它们也有 1 次或 2 次共引链接。位于视图右边的聚类明显是最近形成的，因为这个聚类中的年轮由红色主导，红色表示被引时间在 2003～2004 年。这个聚类中高被引的文章包括“Bowring-1998”“Renne-1995”“Hallam-1997”和“Wignall-1992”。“Raup-1982”是在早期形成的以“Alvarez-1980”为中心聚类时的第二高被引文章。

不同的阈值选择，生成了不同的图谱。比较图 9-3 和图 9-4 可以发现，后者所示的低阈值设置，使得 1981～1982 年和 1983～1984 年时间段的被选中文章增多了，而且整个共被引网络的规模也更大了，覆盖面也更广了。

为了使图谱的覆盖面更广，进一步绘制共被引和主题词的混合网络(图9-5)，即同时选择引文和主题词，绘制它们之间的共现网络。图谱的节点数更多，节点类型也更丰富，因此图谱蕴含的信息更多，展现力也更强。

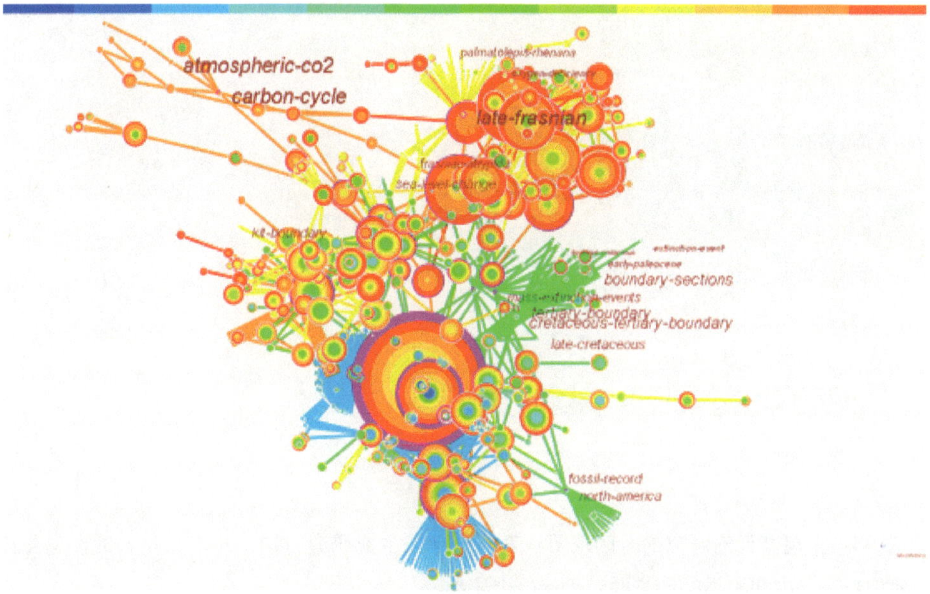


图 9-5　被引文献和引文专业术语的 569 节点混合网络

图 9-5 中，上方的聚类是最近形成的。这个聚类包括诸如 Late Frasnian（晚泥盆纪弗拉斯期），Atmospheric $CO_2$（大气二氧化碳）和 Carbon Cycle（碳循环）研究前沿术语。中心领域是关于 Cretaceous-Tertiary Boundary（白垩纪之末与第三纪之初的交界）和 Late Cretaceous（后白垩纪）为术语的研究前沿，它们是撞击说的核心概念。

时区视图揭示了随时间形成的 3 个显著的聚类（图 9-6）。每个聚类都对应于生物种群灭绝研究的一个学科方向。在视图下方充满绿色线条的聚类就是 K-T 灭绝争论分支，这个分支方向开始于“Alvarez-1980”，在随后的 10 年中一直保持着强势，直到 1991～1992 年开始削减，到 1995～1996 年后消失。从引文最外环的颜色可以看出，这个聚类中的许多文章在 2003～2004 年仍被引用。最近的研究前沿术语有 North American（北美）、Fossil Record（化石记录）和 Late Cretaceous（后白垩纪）。

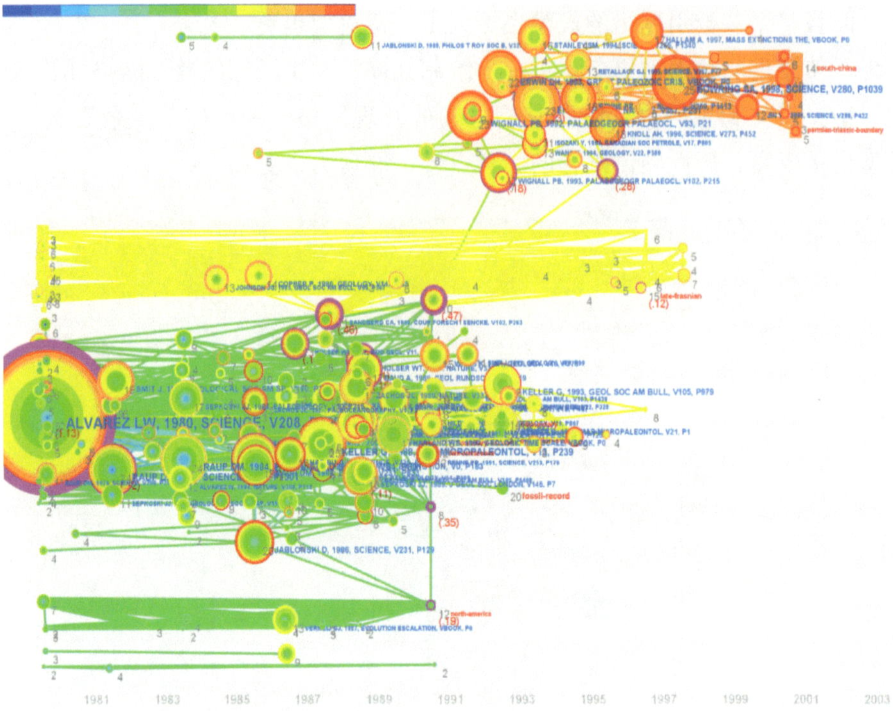


图 9-6　大规模灭绝研究的时区视图，表现出 3 条主要研究方向：K-T 灭绝，晚泥盆纪弗拉斯期（中间聚类）和二叠纪灭绝（上聚类）

视图中间是黄色连接的聚类，从 20 世纪 80 年代开始，结束于 1997 年。这个方向中有文章“Johnson-1985”和“Copper-1986”，其规模比 K-T 灭绝方向小。这个方向中有晚泥盆纪弗拉斯期前沿术语，称为晚泥盆纪弗拉斯期研究方向。在地质学中，在后泥盆纪（3.86 亿～3.75 亿前）的一个时期，发生在晚泥盆纪弗拉斯期和法门期（Famennian）之交的后泥盆纪生物灭绝事件是古生代以来五大生物大灭绝事件之一。对这次大规模灭绝的解释是全球变冷、海平面降低和陨星撞击。

视图上部是橙色连接聚类，也代表一个演进方向，它开始于 Wignall（1992 年），由“Bowring-1998”推动，后又由“Becker-2001”进一步推进。Permian-Triassic-boundary（二叠纪－三叠纪－分界）和 South China（中国南部）是在 2001 年检测到的两个研究前沿术语。“Becker-2001”是一篇以“二叠纪－三叠纪－分界线的影响事件”为标题的文章，在网上对“Becker，Permian，and Triassic”作简单搜索，表明“Becker-2001”为二叠纪大规模灭绝的主要影响提供了证据。Becker 等最近在《科学》杂志上发表了《Bedout（一个撞击坑的名字）：澳大利亚西北部海边的一个可能的撞击坑》一文，这篇文章对二叠纪大规模灭绝研究的重要价值可以与希克苏曾伯陨石坑（Chicxulub Crater）对 K-T 撞击理论价值相当，Chicxulub 撞击坑的发现极大地增加了 K-T 撞击理论的可靠性。许多科学家受到鼓舞，开始应用这个撞击说来解决其他大规模灭绝。寻找撞击坑便是下一步工作，有关辨认二叠纪－三叠纪边界的撞击坑的研究已经吸引了许多研究者。当前的研究前沿就是在这样的背景下演变而来的。

图 9-7 是图 9-6 的局部图。在这幅图画中，陈超美发现了三个问题，需要领域专家的解释和确认。于是，他将该图寄给英国 Leeds 大学的威格诺尔（Paul Wignall）教授，请他检验一下上述的结果。威格诺尔是在二叠纪灭绝方向中两个关键点文章的作者。他证实，大量的 K-T 争论由于 Chicxulub 撞击坑的发现而从 20 世纪 90 年代中期开始消退："许多人仍旧在研究这个灭绝事件，但是更多的人将研究兴趣已经转移到二叠纪末的大规模灭绝，这就是为什么大家一直对我的研究感兴趣。" Late Frasnian 是于 1997 年在这个研究方向上首次发现的专业术语。至于"为什么中间的这条线索看起来快要结束"这个问题，威格诺尔的解释是，这条线索同 Copper 的有关泥盆纪后的大规模灭绝研究相关，研究线索不太活跃主要是由于缺乏足够的数据。

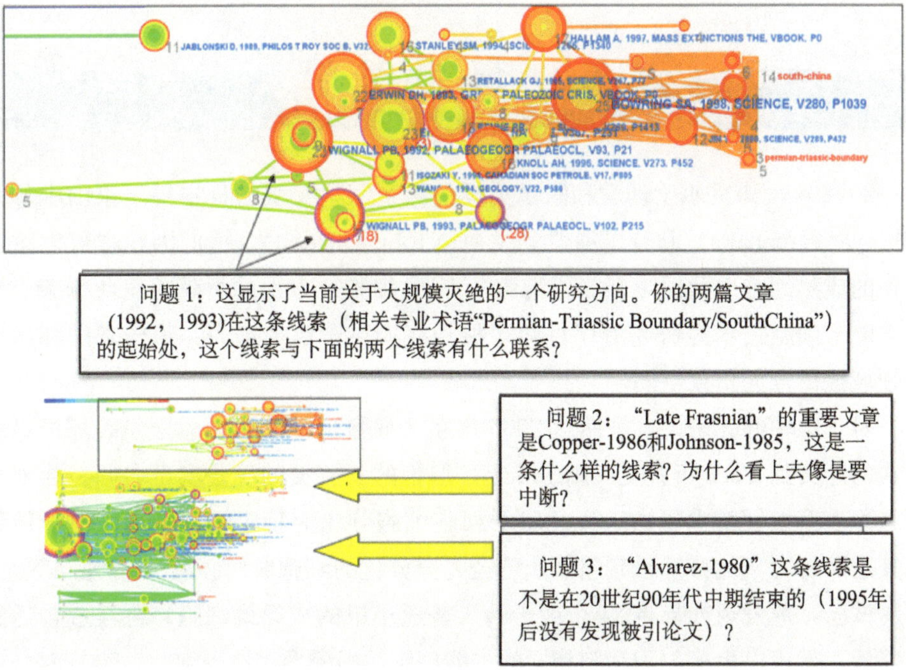


图 9-7　送给 Dr. Paul Wignall 的附有三个问题的时区视图

### 9.2.4 案例总结

在大规模灭绝的研究中，有三个不同的研究方向和线索：一个是 K-T 灭绝研究分支，一个是二叠纪末的大规模灭绝研究分支，一个是泥盆纪大规模灭绝研究分支。如何能够一览无余地了解这三个研究分支独立发展和相互迭代的情况，本例为这类研究提供了一个很好的范例和借鉴。

本案例还展示了在不同的阈值选取策略和节点选取策略下，生成的可视化图谱的规模和结构上的差异。较低的阈值选取一般可以囊括更多的节点和更多的信息（当然也可能造成结构上的杂乱）；而同时选择引文和主题词则可以构建二者的混合网络。这一功能在 CiteSpace 还没有聚类和聚类标签（v2.3 版之后加入）的时候，可用于帮助读者了解共被引网络中围绕某（些）引文的研究主题。

通过合理地设置阈值，可以让 CiteSpace 生成所需要的不同规模的可视化图谱，可以展现一场学术争议中不同的研究视角，可以让整个研究方向一览无余地展示在读者的面前。这就是 CiteSpace 的第二个重要的特点。

## 9.3 再生医学

2012 年，诺贝尔生理学和医学奖授予再生医学领域的日本科学家山中伸弥（Shinya Yamanaka）和英国科学家戈登（John Gurdon）。他们因在“可以重新编程的成熟细胞以及诱导多能干细胞”（iPS 细胞）方面的贡献而获此殊荣。诱导多能干细胞技术为研究治疗目前多种绝症提供了巨大助力，给未来的临床应用领域提供巨大想象空间。

对于山中伸弥来说，虽然从 2006 年在《细胞》（*Cell*）杂志上发表那篇里程碑式的论文到 2012 年获奖只用了 6 年，但他的获奖又的确是实至名归。在他之前，再生医学领域主要忙于让胚胎干细胞细胞分化为特定细胞类型。山中伸弥反其道而行之，他打算研究怎么让已经完全分化的细胞变回胚胎干细胞。经过 4 年的试验，他发现如果将 24 个因子转入普通小鼠的成纤维细胞，再经过合适的培养后，就可以生成与干细胞相同的多能细胞，即诱导多能干细胞。2006 年，他在《细胞》杂志上发表了一篇里程碑式的论文，介绍了 4 种编码基因：Oct3/4、

Sox2、c-Myc 和 Klf4。次年，他的研究小组和国威斯斯康星大学麦迪逊分校的詹姆斯·汤姆森的研究小组几乎同时利用这种方法成功制造出人类 iPS 细胞，该成果发表之后再次引起了轰动。

显然，这两篇文章影响了再生医学领域的研究走向，科学家纷纷放弃胚胎干细胞研究，转而进行成熟细胞的诱导工作。科学家们正致力于把更多组织（包括肝、胃和大脑）的细胞转变成了 iPS 细胞，并让 iPS 细胞分化成了皮肤、肌肉、胃肠道、软骨、能分泌神经递质多巴胺的神经细胞，以及可以同步搏动的心脏细胞。基于这一方法的临床治疗似可期待。

## 9.3.1 研究目的

同传统的物理学化学等领域不同，再生医学发展迅速，研究的热点和前沿日新月异。抓住该领域的研究前沿和研究转向就变得非常重要。

## 9.3.2 数据来源

数据库：WoS

检索式：主题=regenative medicine，年份=（2001－2011）

检索结果：4295 篇文章，仅保留 article 和 review 两类则为 3875 篇。

## 9.3.3 图谱展示

### 1. 学科共现图谱

图 9-8 展示了学科的共现关系图谱，图谱揭示出“再生医学”研究的主要相关学科是“细胞生物学（Cell Biology）”“生物化学 & 分子生物学（Biochemistry & Molecular Biology）”和“材料科学（Materials Science）”。学科共现图谱有利于从宏观上了解某研究领域的相关学科及相关学科之间的关系。

### 2. 关键词共现图谱

图 9-9 是关键词的共现图谱，即共词图谱。在最小生成树的算法下，该图呈现出树状分叉，形象地展示了关键词的谱系结构。彼此相邻的关键词意味着它

们经常出现在相同的文章中。

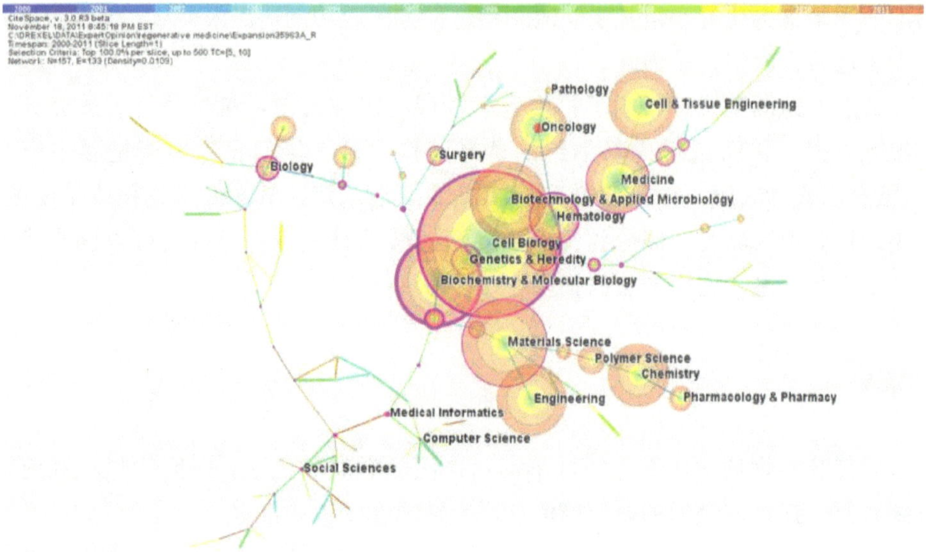


图 9-8　再生医学的相关学科（学科共现的寻径网络）

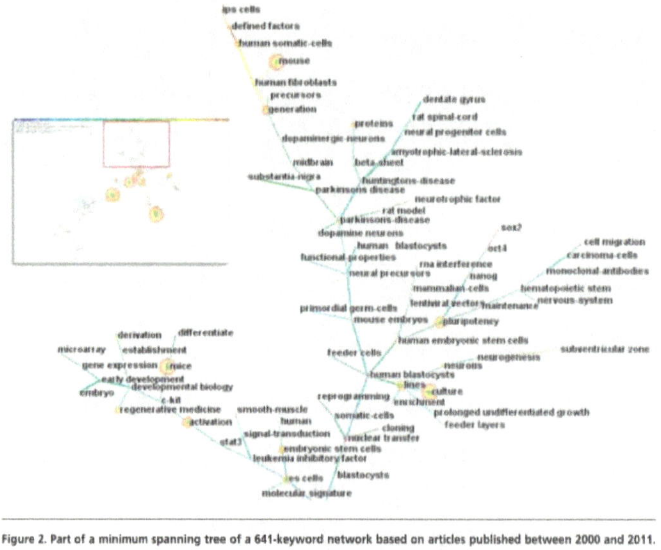


图 9-9　64 个词共现的最小生成树图谱

### 3. 文献共被引图谱

图 9-10 是利用共被引文献和突现主题词生成的一幅混合网络，并且在图谱

生成后进行了聚类，生成了聚类标签。其中，黑色字体标注的是共被引文献，紫色斜体字标注的是突现主题词，蓝色字体标注的是聚类标签。这幅图为我们宏观上展示了该领域的全景图谱、主要聚类及其分布。

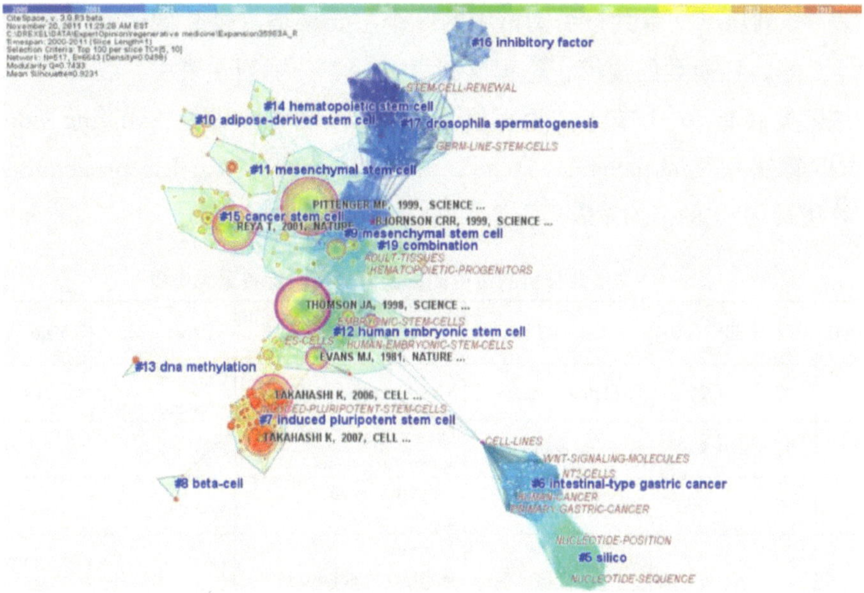


图 9-10　文献共被引和突现主题词形成的混合网络

共被引聚类图谱的时间线模式见图 9-11，该图展示出了各聚类中的文献年代跨度。

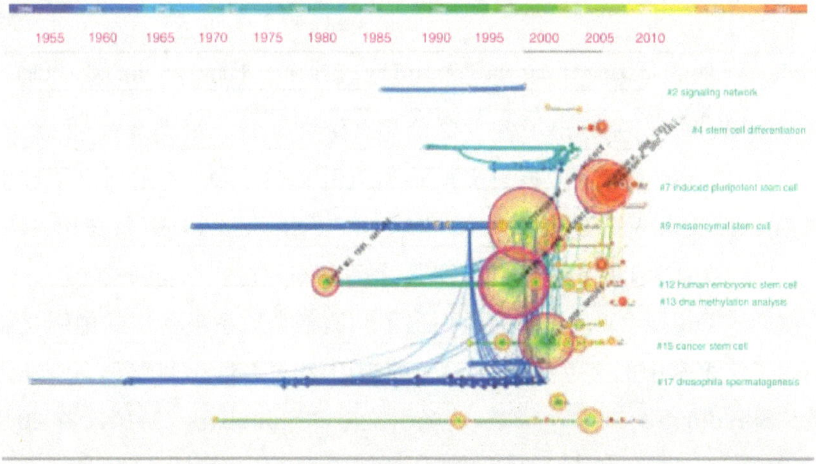


**Figure 4. Timelines of co-citation clusters.** Major clusters are labeled on the right. Landmark articles are labeled.

图 9-11　共引聚类的时间线图谱

### 9.3.4 信息显示

表 9-3 列出了文献共被引图谱中的 8 个主要聚类，如聚类＃9、聚类＃17、聚类＃6 等。各聚类的规模、轮廓值和主要标签分别列在表中。以聚类＃9 为例，该聚类共有 97 个节点；轮廓值是 0.791；聚类标签是 Evolving Concept（TFIDF 算法）；Mesenchymal stem cell（LLR 算法）；Cardiac progenitor cell（MI 算法）；引文的平均发表年份是 1999 年。

**表 9-3 文献共被引图谱中的主要聚类及其标签聚类信息**

| ClusterID | Size | Silhouette | Label（TFIDF） | Label（LLR） | Label（MI） | Year Ave. |
|---|---|---|---|---|---|---|
| 9 | 97 | 0.791 | Evolving concept | Mesenchymal stem cell | Cardiac progenitor cell | 1999 |
| 17 | 71 | 0.929 | Somatic control | Drosophila spermatogenesis | Drosophila | 1994 |
| 6 | 67 | 0.980 | Mcf-7 cell | Intestinal-type gastric cancer | Change | 2001 |
| 12 | 62 | 0.891 | Midkine | Human embryonic stem cell | Dna | 2002 |
| 5 | 53 | 0.952 | Gnd2ip gene | Silico | Gastric cancer | 2002 |
| 19 | 42 | 0.119 | Bevacizumab | Combination | Cartilage | 2004 |
| 7 | 40 | 0.960 | Monogenic disease treatment | Induced pluripotent stem cell | Clinic | 2008 |
| 15 | 25 | 0.930 | Tumorigenic mela-noma cell | Cancer stem cell | Cancer prevention | 2003 |

Clusters are referred in terms of the labels selected by log-likelihood ratio test method（LLR）.

表 9-4～表 9-7 分别列出了各主要聚类（聚类＃17、聚类＃9、聚类＃12 和聚类＃7）中出现的文献（即被引文献）和施引文献。表 9-4 中列出了被引频次最高的前 5 篇文献，分别是被引 260 次的“Schofield-1978”，被引 192 次的“Xie-2000”，被引 151 次的“Xie-1998”，被引 149 次的“Kiger-2001”，以及被引 147 次的“Tulina-2001”。同时还列出了和该聚类关系最密切的施引文献，分别是引用了该聚类中的文献数量占 34％的施引文献“Tran-2000”，占 25％的施引文献“Spradling-2001”，占 23％的施引文献“Shinohara-2001”，占 20％的施引文献“Kiger-2001”和占 14％的施引文献“Tulina-2001”。CiteSpace 正是根据施引文献的题目（Title）来生成聚类标签的。

表 9-4 聚类＃17“果蝇精子生成”的被引文献和施引文献

| Cited References | | Citing Articles | |
|---|---|---|---|
| Cites | Author (Year) Journal, Volume, Page | Coverage % | Author (Year) Title |
| 260 | Schofield R (1978) Blood Cells, V4, P7 | 34 | Tran J (2000) somatic control over the germline stem cell lineage during **drosophila a spermatogenesis** |
| 192 | Xie T (2000) SCIENCE, V290, P328 | 25 | Spradling A (2001) stem cells find their niche |
| 151 | Xie T (1998) CELL, V94, P251 | 23 | Shinohara T (2001) remodeling of the postnatal mouse testis is accompanied by dramatic changes in stem cell number and niche accessibility |
| 149 | Kiger AA (2001) SCIENCE, V294, P2542 | 20 | Kiger AA (2001) stem cell self-renewal specified by jak-stat activation in response to a support cell cue |
| 147 | Tulina N (2001) SCIENCE, V294, P2546 | 14 | Tulina N (2001) control of stem cell self-renewal in **drosophila spermatogenesis** by jak-stat signaling |

Cluster label terms are bold.

表 9-5 聚类＃9“间充质干细胞”的被引文献和施引文献

| Cited references | | Citing articles | |
|---|---|---|---|
| Cites | Author (Year) Journal, Volume, Page | Coverage% | Author (Year) Title |
| 2486 | Pittenger MF (1999) Science, V284, P143 | 40 | Blau, HM (2001) the evolving concept of a stem cell: entity or function? |
| 1061 | Jiang YH (2002) Nature, V418, P41 | 15 | Bianco, P (2001) stem cells in tissue engineering |
| 705 | Orlic D (2001) Nature, V410, P701 | 9 | Klich, lzabella (2010) very small embryonic like stem cells (vsels) isolated from adult tissues-an update |
| 662 | Prockop DJ (1997) Science, V276, P71 | 9 | Guyette, Jacques P (2010) strategies for regeneration of heart muscle |
| 596 | Asahara T (1997) Science, V275, P964 | 8 | Yi, B, Alexander (2010) pregenerative medicine: developmental paradigms in the biology of cardiovascular regeneration |

表 9-6 聚类＃12“人类胚胎干细胞”的被引文献和施引文献

| Cited references | | Citing articles | |
|---|---|---|---|
| Cites | Author (Year) Journal, Volume, Page | Coverage% | Author (Year) Title |
| 2223 | Thomson JA (1998) Science, V282, P1145 | 32 | Witkowska, Anna (2010) **human embryonic stem cells**- regulation of pluripotency and differentiation |
| 1030 | Evans MJ (1981) Nature, V292, P154 | 29 | Vazin, Tandis (2010) **human embryonic stem cells**: derivation, culture, and differentiation: a review |

续表

| Cited references | | Citing articles | |
|---|---|---|---|
| Cites | Author (Year) Journal, Volume, Page | Coverage% | Author (Year) Title |
| 735 | Martin GR (1981) P Natl Acad Sci-Biol, V78, P7634 | 27 | Schnerch, Angelique (2010) distinguishing between mouse and human pluripotent stem cell regulation: the best laid plans of mice and men |
| 708 | Reubinoff BE (2000) Nat Biotechnol, V18, P399 | 24 | Avery, Stuart (2010) the role of smad4 in **human embryonic stem cell** self-renewal and stem cell fate |
| 707 | Sato N (2004) Nat Med, V10, P55 | 23 | Ralston, Amy (2010) the genetics of induced pluripotency |

Cluster #12 human embryonic stem cells are bold.

**表 9-7 聚类#7 "诱导多能干细胞" 的被引文献和施引文献**

| Cited references | | Citing articles | |
|---|---|---|---|
| Cites | Author (Year) Journal, Volume, Page | Coverage% | Author (Year) Title |
| 1841 | Takahashi K (2006) Cell, V126, P663 | 95 | Stadtfeld, Matthias (2010) induced pluripotency: history, mechanisms, and applications |
| 1583 | Takahashi K (2007) Cell, V131, P861 | 80 | Kiskinis, Evangelos (2010) progress toward the clinical application of patient-specific pluripotent stem cells |
| 1273 | Yu JY (2007) Science, V318, P1917 | 77 | Masip, Manuel (2010) reprogramming with defined factors: from induced pluripotency to induced transdifferentiation |
| 762 | Okita K (2007) Nature, V448, P313 | 77 | Sommer, Cesar A. (2010) experiental approaches for the generation of **induced pluripotent stem cells** |
| 640 | Wernig M (2007) Nature, V448, P318 | 73 | Lowry, William E. (2010) roadblocks en route to the clinical application of **induced pluripotent stem cells** |
| 615 | Park IH (2008) Nature, V451, P141 | 73 | Archacka, Karolina (2010) **induced pluripotent stem cells**-hopes, fears and visions |
| 501 | Nakagawa M (2008) Nat Biotechnol, V26, P101 | 73 | Yoshida Yoshnori (2010) recent stem cell advances: **induced pluripotent stem cells** for disease modeling and stem cell-based regeneration |
| 445 | Okita K (2008) Science, V322, P949 | 73 | Rashid, S. Tamir (2010) **induced pluripotent stem cells**-aichemist's tale or dinical reality? rid c-6368-2011 |
| 391 | Maherali N (2007) Cell Stem Cell, V1, P55 | 68 | Kun, Gabriel (2010) gene therapy, gene targeting and **induced pluripotent stem cells**: applications in monogenic disease treatment |
| 348 | Stadtfeld M (2008) Science, V322, P945 | 65 | Robbins, Reiesha D. (2010) **inducible pluripotent stem cells**: not quite ready for prime time? |

Cluster #7 on induced pluripotent stem cells (iPSCs) are bold.

表 9-8 列出了排名前 9 位的高中心性论文。高中心性论文意味着在结构上占据着重要位置的论文，即它们在连接其他节点或者几个不同的聚类上发挥着重要作用。这些文献可以看做是再生医学领域具有里程碑意义的研究成果。文献

“Thomson-1998”排位第一，其中心性是 0.55，属于聚类#12，从文献共被引聚类中能直接显示该文献的结构意义。从聚类的分布来看，有 4 篇论文出现在聚类#12 中，有两篇论文出现在聚类#2 中。

**表 9-8 高中心性论文**

| Rank | Centrality | References | Cluster # |
|---|---|---|---|
| 1 | 0.55 | Thomson JA，1998，Science，V282，P1145 | 12 |
| 2 | 0.32 | Bjomson CRR，1999，Science，V283，P534 | 9 |
| 3 | 0.18 | Evans MJ，1981，Nature，V292，P154 | 12 |
| 4 | 0.17 | Reya T，2001，Nature，V414，P105 | 15 |
| 5 | 0.15 | Kiger AA，2000，Nature，V407，P750 | 17 |
| 6 | 0.13 | Pittenger MF，1999，Science，V284，P143 | 9 |
| 7 | 0.11 | Takahashi K，2006，Cell，V126，P663 | 7 |
| 8 | 0.11 | Reubinoff BE，2000，Nat Biotechnol，V18，P399 | 12 |
| 9 | 0.10 | Martin GR，1981，Proc Natl Acad Sci-Bioi，V78，P7634 | 12 |

They are central in connecting the network's components.

表 9-9 列出了前 10 篇高被引论文。高被引论文一般是具有奠基性作用的重要论文。在本案例中，排在首位的论文是聚类#9 中的文献“Pittenger-1999”，被引次数为 2486 次。在前 10 篇高被引论文中，聚类#7 中有 3 篇，聚类#9、聚类#12 和聚类#15 各有 2 篇。

**表 9-9 10 篇高被引论文**

| Citation counts | References | Cluster # |
|---|---|---|
| 2486 | Pittenger MF，1999，Science，V284，P143 | 9 |
| 2223 | Thomson JA，1998，Science，V282，P1145 | 12 |
| 2102 | Reya T，2001，Nature，V414，P105 [Review] | 15 |
| 1841 | Takahashi K，2006，Cell，V126，P663 | 7 |
| 1583 | Takahashi K，2007，Cell，V131，P861 | 7 |
| 1273 | Yu JY，2007，Science，V318，P1917 | 7 |
| 1145 | Jain RK，2005，Science，V307，P58 | 19 |
| 1061 | Jiang YH，2002，Nature，V418，P41 | 9 |
| 1030 | Evans MJ，1981，Nature，V292，P154 | 12 |
| 945 | Al-Hajj M，2003，Proc Natl Acad Sci USA，V100，P3983 | 15 |

表 9-10 列出了排在前 7 位的高突现性论文。高突现性论文是指那些被引频次在时间维度出现突增的论文，因此它包含两个维度：突现值和突现时间。表

9-11 列出了在 2007 发表的 11 篇高突现性论文及其突现时间段。突现性高的节点意味着这些文献在相应的时间区间里受到了格外的关注，一定程度上代表了该学科在相应时间区间的研究前沿和热点问题。在表 9-10 中，前 8 位论文中，有 5 篇都来自于聚类＃7，可见聚类＃7 可以用于表达整个再生医学领域的研究前沿。

**表 9-10　高突现性论文**

| Citation bursts | References | Cluster # |
|---|---|---|
| 124.73 | Takahashi K，2006，Cell，V126，P663 | 7 |
| 121.36 | Takahashi K，2007，Cell，V131，P861 | 7 |
| 81.37 | Yu JY，2007，Science，V318，P1917 | 7 |
| 71.24 | Okita K，2008，Science，V322，P949 | 7 |
| 66.23 | Meissner A，2008，Nature，V454，P766 | 13 |
| 63.12 | Vierbuchen T，2012，Nature，V463，P1035 | 8 |
| 62.54 | Zhou HY，2009，Cell Stem Cell，V4，P381 | 7 |

**表 9-11　2007 年发表的 11 篇高突现性论文及其突现时间区间**

| Ref. | Local citations | Title | Burst | Duration | Range (2000-2011) |
|---|---|---|---|---|---|
| Takahashi 2007 | 1583 | Induction of Pluripotent Stem Cells from Adult Human Fibroblasts by Defined Factors | 121.36 | 2009-2001 | |
| Yu 2007 | 1273 | Induced Pluripotent Stem Cell Lines Derived from Human Somatic Cells | 81.37 | 2009-2011 | |
| Wernig 2007 | 640 | In vitro reprogramming of fibroblasts into a pluripotent ES-cell-like state | 26.70 | 2008-2009 | |
| O'Brien 2007 | 438 | A human colon cancer cell capable of initiating tumour growth in immunodeficient mice | 18.13 | 2008-2009 | |
| Ricci-Vitiani 2007 | 427 | Identification and expansion of human colon-cancer-initiating cells | 8.83 | 2008-2009 | |
| Li 2007 | 299 | Identification of Pancreatic Cancer Stem Cells | 9.78 | 2008-2008 | |
| Mikkelsen 2007 | 283 | Genome-wide maps of chromatin state in pluripotent and lineage-committed cells | 19.59 | 2010-2011 | |
| Laflamme 2007 | 265 | Cardiomyocytes derived from human embryonic stem cells in prosurvival factors enhance function of infarcted rat hearts | 16.48 | 2010-2010 | |

续表

| Ref. | Local citations | Title | Burst | Duration | Range (2000-2011) |
|---|---|---|---|---|---|
| Gimble 2007 | 247 | Adipose-Derived Stem Cells for Regenerative Medicine | 25. 19 | 2010-2011 |   |
| Phinney 2007 | 229 | Concise Review: Mesenchymal Stem/Multipotent Stromal Cells: The State of Transdifferentiation and Modes of Tissue Repair-Current Views | 16. 52 | 2010-2011 |   |
| Khang 2007 | 90 | Recent and future directions of stem cells for the application of regenerative medicine | 35. 25 | 2008-2009 |   |

表 9-12 列出高 Sigma 值论文。Sigma 值是基于中心性和突现性计算得到的。中心性越高和突现性越高的节点论文，其 Sigma 值也越高。Sigma 值最高的节点文献是“Takahashi-2006”，其 Sigma 值远大于其他节点文献，高达 377 340. 46，其突现性为 124. 73，中心性为 0. 11，被引频次高达 1841，该节点文献位于聚类 #7 中。

**表 9-12　高 Sigma 值论文**

| Sigma | Burst | Centrality | Citations | References | Cluster # |
|---|---|---|---|---|---|
| 377340. 46 | 124. 73 | 0. 11 | 1841 | Takahashi K, 2006, Cell, V126, P663 | 7 |
| 29079. 18 | 37. 38 | 0. 32 | 202 | Bjornson CRR, 1999, Science, V283, P534 | 9 |
| 195. 15 | 121. 36 | 0. 04 | 1583 | Takahashi K, 2007, Cell, V131, P861 | 7 |
| 58. 91 | 81. 37 | 0. 05 | 1273 | Yu JY, 2007, Science, V318, P1917 | 7 |
| 15. 97 | 19. 53 | 0. 15 | 130 | Kiger AA, 2000, Nature, V407, P750 | 17 |

## 9. 3. 5 案例总结

本案例系统地展示了 CiteSpace 如何帮助我们进入一个完全不了解的领域，并且对这个领域的前沿和演变过程进行分析。具体而言，CiteSpace 可以提供给我们“二图五表”式的模式化信息。通过这些图和表，CiteSpace 全面展示了这个领域的重要文献，并帮助我们识别出这个领域的研究内容、重要节点文献及演化路径。

也正是因为 CiteSpace 用数据说话，用图表立论的实现方法，使得 CiteSpace 具有“一图胜万言”的魔力。

# 9.4 科学学 30 年

科学学是以科学为研究对象的一类学科的总称。从广义说，包括对科学的哲学研究、伦理学研究、社会学研究、科技管理研究、科技政策研究和科学计量学研究等。

20 世纪 80 年代，科学学随着科学春天的到来而迅速兴起。一系列论述科学学性质、特征和功能的论文纷至沓来，科学学研究机构应运而生，科学学专著与教材出版问世，促进了我国科学技术发展的战略与政策研究。20 世纪 90 年代，我国科学学工作者把科学学拓展到软科学更广泛的知识空间，却意外地出现了软科学淹没科学学的状况，伴随一些科学学领军人物的转行、从政、退休和过世，有关科学学的学科探索热情逐年下滑，呈现出科学学理论与方法研究的低潮。进入 21 世纪之后，伴随科学计量学的复兴与倡导科学技术学的努力，科学学的理论探索与学科建设取得新的进展。这次科学学的繁荣，虽然从数量上还没有达到 20 世纪 80 年代的规模，但在深度与广度上却是前所未有，在科学知识图谱与知识可视化的基础上，形成一股科学学迈向科学计量学的强大潮流。

## 9.4.1 研究目的

2010 年，为了纪念《科学学与科学技术管理》杂志创刊 30 周年，刘则渊等对我国近 30 年来科学学的研究文献进行统计分析和可视化分析。这也是第一篇将 CiteSpace 用于中文文献数据的研究成果。

## 9.4.2 数据来源

为了概括了解 30 年来我国科学学的总体发展状况，这里把含有“科学学”主题词的全部中文文献作为研究对象。我们从 CNKI（中国知网的文献数据库）中，以“科学学”进行主题检索（1987～2009 年），但是排除了“科学学报”“科学学科”“科学学院”等词汇，共检索得到 2909 篇文章，除去无作者、作者为“本刊编辑部”及其他的非学术类文章，得到有效文章为 2174 篇。以此作为对我国科学学总体发展研究的数据来源。这里所说的“科学学的总体发展研究”，也就是对科学学的整体研究或一般研究，既不同于对科学学的学科结构及学科建设研究，也与科学学元研究略有差异。

### 9.4.3 图谱展示

图 9-12 展现的是共词图谱。由于节点之间的连线过于复杂，将这些连线隐去，只留下节点。相关研究领域围绕“科学学”而形成。下半部分是以科学的计量分析为主导的，从科学学到科学计量学的研究分支。上半部分是以科学的哲学分析为主的，从科学学到科学技术学的研究分支。对于 CNKI 数据，我们难以获取其引文数据，因而共词分析是通常采用的一种图谱分析方法。

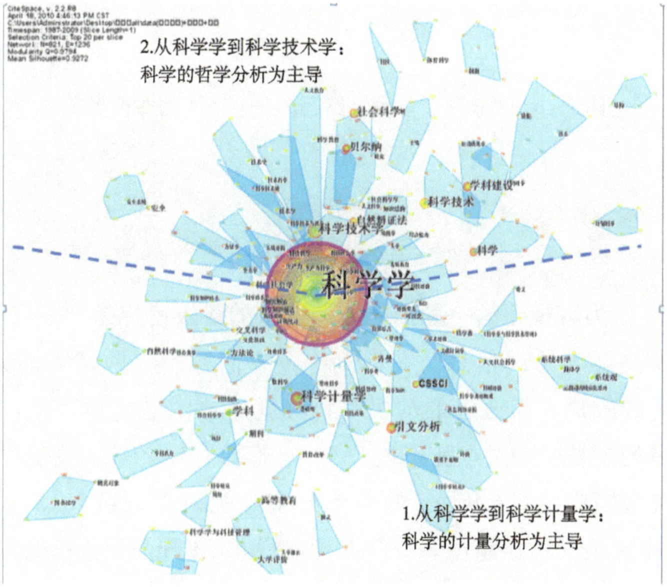


图 9-12 基于多视角网络的科学学研究文献共词分析知识图谱（隐去共现连线）

由于我们是利用“科学学”为主题词进行检索的，“科学学”必然是图谱中最大最重要的节点，而且所有的节点都与它有共现关系，这会导致该节点过大，而且网络结构过于杂乱。为此，我们将“科学学”从数据中抹去，重新生成一张共词图谱（图 9-13）。这样得到的图谱，不仅布局合理，而且结构清晰。在图谱中，“科学学”研究领域构成一个 C 字形结构。上半部分主要是科学技术学相关的研究，下半部分主要是科学计量学相关的研究。这一点与之前网络中反映出来的结构特征是一致的。

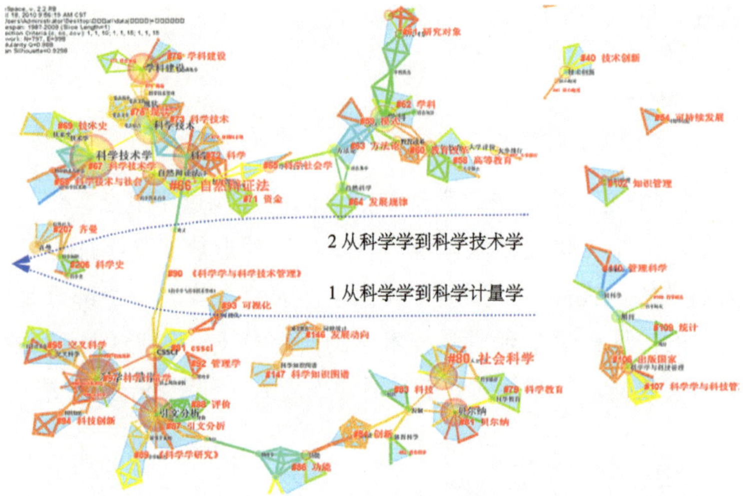


图 9-13　展现科学学发展路径与研究范式的知识图谱

## 9.4.4　案例总结

CiteSpace 作为可视化的一种工具，其追求的终极目标是“一目了然”，即准确清晰地反映其要表达的信息。在本例中，我们绘制了两幅共词分析的图谱，后者是对前者的改进，而改进的动机和目标就是让图谱更加“一目了然”地反映科学学领域的主要研究热点和聚类。

这是中文数据应用 CiteSpace 的一个典型案例。截止到 2013 年年底，应用 CiteSpace 的中文论文已经超过 500 篇，可以说，CiteSpace 已经成为国内应用最多的信息可视化分析工具。与英文数据不同，中文数据的处理一般比较复杂。主要体现在数据格式的转换方面。CiteSpace 默认支持的数据格式是 WoS 格式，需要将中文数据首先转换成 WoS 的格式。另外，中文数据的不规范也为数据的转换和处理带来了更多的挑战。

# 10 CiteSpace的应用情况与常见问题

## 10.1 555 篇国内使用 CiteSpace 工具的情况调查

科学知识图谱的概念源于 2003 年美国国家科学院组织的一次研讨会，随着信息可视化的发展，绘制科学知识图谱蓬勃发展[17]，也成为近年来科学计量学的一个新兴而活跃的研究方向，人们开发出了很多绘制图谱的工具。CiteSpace 是目前最为流行的科学知识图谱绘制工具之一，阐释其基本原理的？CiteSpace Ⅱ：detecting and visualizing emerging trends and transient patterns in scientific literature 一文在学术谷歌上已被引 803 次，其中文版本也被引 184 次（检索日期为 2014 年 5 月 20 日）。学者们利用 CiteSpace 的“一图展春秋，一览无余；一图胜万言，一目了然”的特点，广泛地应用科学知识图谱的理论和方法，从而产生了一批研究成果。国内较早开始应用 CiteSpace 的侯剑华和胡志刚[18]分析了收录在 WoS 和 CNKI 中应用 CiteSpace 的论文的学科分布和使用功能。中国科学技术信息研究所的胡泽文等[19]以科学知识图谱在情报学领域中的应用为例，介绍了其应用现状、发展趋势、绘制工具与方法流程。值得关注的是，北京大学王钦炜[20]提出国内研究者普遍缺乏对 CiteSpace 软件功能及使用方法的深入了解，并由此造成了一系列的科学知识图谱绘制及解读问题。北京大学的赵丹群[21]更是在对基于 CiteSpace 在国内科学知识图谱现状调研的基础上，从领域文献的查找、突变词语的探测、时区分割与相关参数的阈值设置，以及图谱解读四个方面较为深入地探讨了应用 CiteSpace 中存在的问题。

人们对待新鲜事物的态度往往是经历观望、追随、狂热、冷静、再回归理智的过程，学界对于 2004 年诞生的 CiteSpace 的态度也显示出了这种趋势（图 10-1）。我们评析了人工抽取出的 555 篇应用 CiteSpace 的论文。

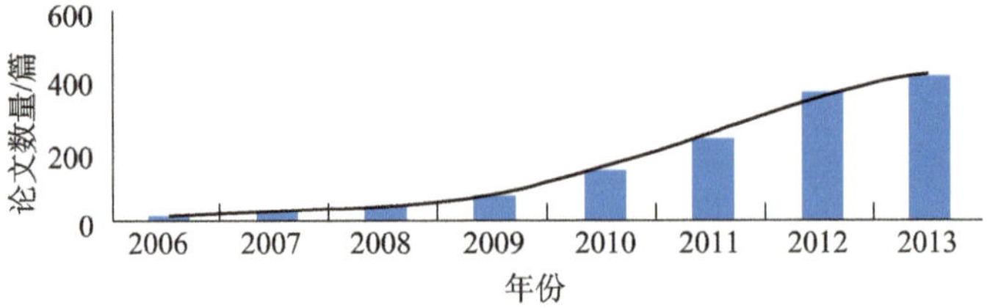


图 10-1 以“CiteSpace OR 科学知识图谱”为检索式在 CNKI 中“全文检索”共检索到 1175 篇学术论文（2005.01～2013.12）数量的年度分布图

我们通过对这555篇文献的逐篇阅读，从应用领域、数据来源、数据时间长度、研究目的、图谱类型、图谱解读和图谱美观程度概括出国内应用CiteSpace的特点。

（1）从应用领域看（图10-2a），图书情报领域和管理领域是应用CiteSpace最多的领域，两者合计占全部CiteSpace应用论文的58%。另外，CiteSpace也较多地应用于教育学、公共管理、社会学、体育学、基础医学等领域。这说明CiteSpace已经在广泛的研究领域中产生了影响。

（2）从数据来源看（图10-2b），有66.7%的数据来源于WoS数据库，18.75%源于CSSCI，13.75%源于CNKI。

（3）从分析的数据时间长度看（图10-2c），50%以上数据限定年份为10年以上，25%左右的限定年份为6～10年，可见CiteSpace一般用于长时研究。

（4）从研究目的看（图10-2d），大多集中在研究热点（63.18%）、研究前沿（42.29%）和研究趋势（36.57%）上。

（5）从所应用的图谱类型看（图10-2e），大多使用文献共被引图谱（54.59%）和共词网络图谱（53.35%）。

（6）从图谱解读来看（图10-2f），大部分图谱对高频节点都进行了解读，一半左右的文章会对聚类解读，接近一半的文章对高中心性节点进行了解读，42%的文章含有图例说明，时间趋势和burst的应用较少。

（7）从图谱绘制的美观程度来看（图10-2），主要存在的问题是结构过于拥挤，节点和标签的大小不协调的问题也普遍存在。

我们在考察这555篇应用CiteSpace的论文的过程中，深刻感受到国内学界对科学研究新方法和新工具的渴求，CiteSpace凭借其使用简单、适用源于多种数据库格式的数据、可以绘制多种图谱、可视化效果好、提供信息量大和易于解读等强大功能吸引了各个专业的研究人员，但从已有的研究成果来看，仍然存在一些问题：

（1）下载数据集的完整性和准确性说明不足或不够重视。

（2）对CiteSpace中功能使用的选择与所要解决的问题不匹配。

（3）图谱不美观。主要表现在结构过于拥挤、节点和标签的大小不匹配。

（4）图谱信息缺失。主要表现在CiteSpace使用版本、节点和连线数量不清、阈值选择不明了。

（5）图谱解读不足。大部分图谱对高频节点都进行了解读，一半左右的文章

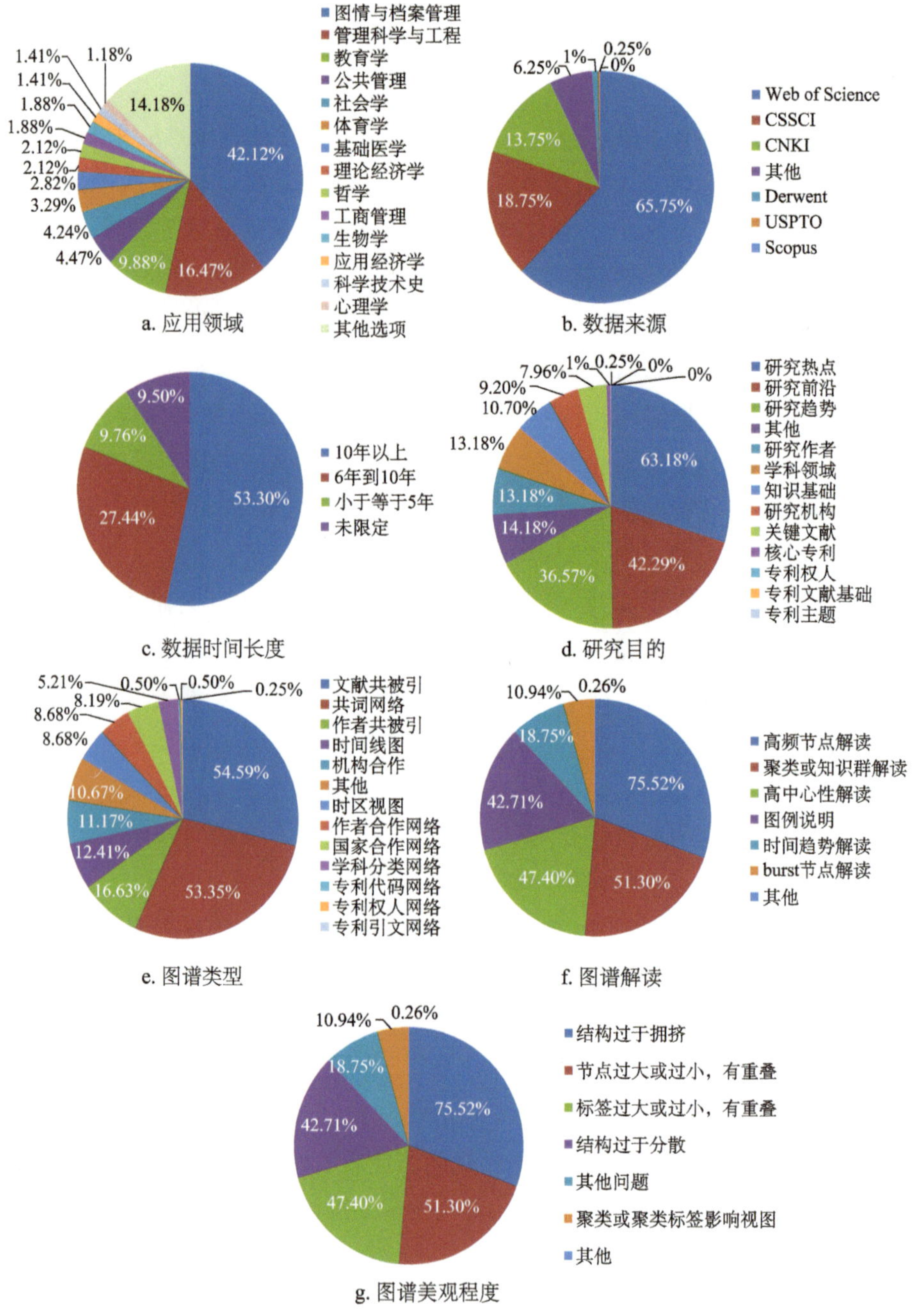


图 10-2　555 篇 CiteSpace 论文的应用情况

会对聚类解读，接近一半的文章对高中心性节点进行了解读，42%的文章含有图例说明，时间趋势和 burst 的应用较少。

(6) 图谱绘制效果缺乏评估。我们在 555 篇论文中仅找到 1 篇论文利用聚类模块性指数 $Q$ 值和聚类轮廓性指数 $S$ 值来评估图谱聚类效果。

(7) CiteSpace 提供了很多深入分析的功能和解读信息，但目前对其应用还都处于较为简单的层次。

这些问题的存在主要源于对 CiteSpace 工具的认识不足，以及对其功能的不熟悉，由此带来操作上的一系列问题。本书在前面几章中从 CiteSpace 工具的方法论认识概述、初级启动、数据处理、网络模型、可视化交互、可视化设计、更多信息显示、其他功能、经典案例等九个方面全方位地深入解析了 CiteSpace，并详细说明了相应功能和操作步骤。

## 10.2 常见问题

为使本书更具实用性，我们基于 555 篇 CiteSpace 论文中反映出来的问题，结合陈超美的科学网博客及 QQ 群中经常提到的问题，整理归纳出了以下四个方面的常见问题。

### 10.2.1 关于启动

#### 问题 1. CiteSpace Ⅱ 无法启动，怎么办?

现已不支持 WebStart。

(1) 安装最新版 Java 软件（下载地址：http://www.java.com/en/download/index.jsp）；

(2) 核对 CiteSpace Ⅱ 安装路径（C：\ CiteSpaceII \ dist \ launch.jnlp）；

(3) 若显示“could not create the Java virtual machine”，则表明电脑内存检查电脑内存不能满足 launch.jnlp 的要求［CiteSpace 通过 WebStart 启动时，为 Java 虚拟机（JVM）请求最多为 1GB 的内存］。解决办法有两个，一是扩展内存，二是根据现有内存的大小选用下列对应的启动。

0.5GB：http：//cluster.ischool.drexel.edu/～cchen/citespace/current/citespace512mb.jnlp

1.5GB：http：//cluster.ischool.drexel.edu/～cchen/citespace/current/citespace1.5gb.jnlp

2.0GB：http：//cluster.ischool.drexel.edu/～cchen/citespace/current/citespace2gb.jnlp

3.0GB：http：//cluster.ischool.drexel.edu/～cchen/citespace/current/citespace3gb.jnlp

4.0GB：http：//cluster.ischool.drexel.edu/～cchen/citespace/current/citespace4gb.jnlp

（4）打开 launch.jnlp 提示无法运行，路径不对，特别是对下载到本地运行的，一般要改路径，解决方法是需要用文本模式打开 launch.jpnl 文件，将其中 <jnlp codebase=" file：\C：\CiteSpace\dist\" href=" launch.jnlp" spec=" 1.0+" >里面的路径修改为你的路径，然后再运行。

#### 问题 2. CiteSpace Ⅱ 的下载地址及其新旧版本之间的区别是什么？

（1）CiteSpace Ⅱ 下载地址：http：//cluster.ischool.drexel.edu/～cchen/citespace/download.html

（2）新旧版本之间的更新和变动（CiteSpace Ⅱ→Help→What's New）

（3）新版相对于旧版，会修正一些 bug，故而会更准确，所以建议尽量选择最新版本。

#### 问题 3. 软件中的 "JVM Memory XX MB" 和 "Used XX %" 可以直接修改吗？

不可以直接修改。可以在 StartCiteSpace.cmd 里修改。

### 10.2.2 关于数据

#### 问题 4. CiteSpace Ⅱ 可以处理的数据库有哪些？

（1）CiteSpaceII 可以处理的数据库有 WoS、arXiv、Scopus、SDSS、NSF、Derwent、Project DX、CNKI（RefWork）和 CSSCI（CiteSpace Ⅱ → Data → Import/Export）。

（2）CiteSpaceII 可以直接对 WoS 的数据计量分析。

（3）其他数据库的数据，需要进行预处理（CiteSpace Ⅱ →Data→ Import/Export →CSSCI）。

（4）EI、CSCD、EBSCO、Elsevier 等数据库，暂时处理不了。用户可以通过程序或者手工，将这些数据库中的数据，转化为WoS中数据的格式，再使用CiteSpaceⅡ进行计量分析。

**问题5. CiteSpaceⅡ是否具有数据去重的功能?**

针对WoS数据库，CiteSpaceⅡ提供了对应的数据去重功能（CiteSpaceⅡ→Data→Import/Export→WoS →Duplicates Removal）。

**问题6. 在WoS中收集的数据量太大（如300M），在CiteSpaceⅡ中根本无法一次运行，该怎么办?**

（1）300M的数据，是否有这个必要?

（2）如果可能，分为几个时间段分别处理。另外，增加time slice length（通常为1年，可增为2年）。

**问题7. WoS检索数据的savedrecs. txt文件不显示?**

文件名要改为download开头，. txt结尾。

**问题8. 有没有可能通过手动的方式使用SQL将keyword plus字段删掉?**

会MySQL的话，用Data→Import/Export加到CiteSpace的数据库，然后到库里删掉关键词表里的所有记录，再输出即可。

**问题9. CiteSpace如何判断valid references和 invalid reference?**

含有author，year，source等信息的为valid references，缺少这三者之一的便是invalid reference，CiteSpace会自动报错或是删除。

### 10.2.3 关于信息显示

**问题10. 如何进行突现词探测（Burst detection）**

Burst有突现、突变、突发、剧增等几种常见的翻译，基本意思是一个变量的值在短期内有很大变化。CiteSpace将这种突现信息视为一种可用来度量更深层变化的手段，用于“施引文献所用的词或短语的频次”和“被引文献的被引频次”。探测这类突现词的操作步骤如下：

(1) 用于“施引文献所用的词或短语的频次”的突现探测

a) 点击 CiteSpace 运行主窗口“Term Type”模块下的 Burst terms 按钮；

如果出现“CiteSpace found existing burst terms. You may use them, or re-run the detection process, which may take several seconds to complete.”，则表明已经做过突现词探测。若愿意使用上次结果，可以直接按 GO 运行数据，形成图谱中包括以前探测出来的突现词；若想重新做一遍突现词探测，按下 Detect Bursts 按键。CiteSpace 会弹出一个对话框，让用户进行“Plain Text”和“Noun Phrases”的选择。

b) 若点击“Plain Text”，稍等片刻之后，运行状态窗口中会出现诸如“870 burst terms detected.”字样，这说明 CiteSpace 发现 870 个词有跃迁现象。下面的操作和 a) 相同。

若点击“Noun Phrases”，如果当前的数据从未抽取过名词短语，则会看到提示“Run noun phrase selection first, then run this function”，进入 c) 操作。

c) 抽取名词短语

在“Term Type”模块中选“Noun Phrases”，CiteSpace 会给弹出一个对话框，让用户进行“Create POS Tags”和“Do Not Create POS Tags”的选择。选择前者可能会需要几分钟或者更长时间来完成。在运行状态窗口会出现类似下面的提示：

CiteSpace is pre-processing data files. Please wait ...

Years: 10

Unique source records: 3255

这时抽取程序尚未开始运行。如想看到抽取结果，可在“Node Types”中选“Terms”，也可同时选掉“Note Types”模块中的“Cited References”（当然也可以保留）。

总之，这个过程只是个中间步骤。可将“Top N per slice”选得很低（5 或 10），按 GO 。完成后，可在“Term Type”模块中选“Noun Phrases”，便会在运行状态窗口里显示类似“29 burst terms detected.”的提示，可见短语 Burst 的个数一般会比单词的小许多。

(2) 用于“被引文献的被引频次”的突现探测

点击 CiteSpace 可视化界面上方的 Citation Burst 按键 2 次，即可看到图中加上了一些红色圈，即探测出来的引文突现节点。

**问题 11. CiteSpaceⅡ的共词分析对象是 Keyword 和 Term，二者有何区别?**

Term 和 Keyword 都可生成共词网络。Keyword 是 WoS 记录中 Keyword Plus 字段里的词，即作者提供的 keywords 加上 WoS 后期处理时增加的词。Term 是 WoS 记录中 Title、Keyword 和 Abstract 字段中的词。

**问题 12. CiteSpace 运行主窗口中"links"模块的 scope 选项中，within slices 和 across slices 是指什么?**

是指时间分区。不同时间生成的网络不同。分区是为了获取这些不同的网络，然后统一分析。within slices 是指在各时间分区内部连线，而 across slices 是指多个时间分区之间连线。详细内容可参阅 2004 PNAS，2006 JASIST 等论文。

**问题 13. 在 CiteSpaceⅡ中，引文突现（burst）是如何计算出来的?**

CiteSpaceⅡ用的是 Kleinberg 的算法。详见：Kleinberg J. 2002. Bursty and hierarchical structure in streams. Proceedings of the 8th ACM SIGKDD Conference on Knowledge Discovery and Data Mining. Canada：Edmonton，Alberta：ACM Press：91-101.

**问题 14. 同样的阈值设定，用 Pathfinder 或者 MPT，软件选择出的文献其中心度是不同的，如果中心度高的节点可以被看成是关键节点，不知道该选择哪些文献来进行分析?**

以 Pathfinder 为准。参见 Chen C，Morris S. 2003. Visualizing evolving networks：minimum spanning trees versus pathfinder networks. Proceedings of IEEE Symposium on Information Visualization. Washington：IEEE Computer Society Press：67-74.

**问题 15. 在 CiteSpaceⅡ中，timeline 和 timezone 选项怎么使用和解读呢?**

timeline 是先把整个网络划分为几个聚类，然后按时间顺序排列出各个聚类中的文献。这样可以观察到很多现象。这个状态下的选项主要是显示聚类的标签，以及节点的特征等。现有例子见：http：//dx. doi. org/10. 1002/asi. 21309。timezone 的例子见更早一些的论文，其中 timezone 视图中节点间的连线表示的是节点间第一次共被引出现的年份。

**问题 16. 在聚类分析中，“The most active citer to the cluster is 0. 45 ISI：000086822800018 Mines，M（2000）ocular injuries sustained by survivors of the oklahoma city bombing.”，其中 0. 45 指的是什么指标？**

0. 45=45%。意指“ Mines，M. 引用了该聚类中 45%的文献”。

**问题 17. 做 CSSCI 中文数据时，图谱聚类后，点击“label clusters with title terms”后，聚类标签名都是显示完整的被引文章标题名，而不是从标题中抽取的术语，这是怎么回事？**

是语言为中文的缘故。CiteSpace 没有支持中文短语的判别。

**问题 18. 在做作者/国家/机构分析时，频次是基于怎样的标准统计出来的呢？**

假设做国家分析时，USA 的出现频次为 100，表示含有美国地址的作者的文章总篇数。同一国家多次出现在同一篇中算做 1 次。

**问题 19. 研究热点和前沿的区分？**

在 CiteSpace 中研究前沿和研究基础是同时定义的。研究前沿是施引文献，研究基础是被引文献，二者通过引文关系相连。研究热点在研究前沿中可以通过 burst terms/phrases 来进行探索，在研究基础中可以通过 citation bursts 来进行探索。

**问题 20. CiteSpace 是如何识别出研究对象的研究前沿的？**

a）应用“Cited References”功能选项，生成文献共被引网络。

b）应用“Citation Burst”功能选项，红色为引用突显节点，是研究前沿的“脚印”，Sigma 值最高的节点为重要地区留下的脚印。

c）应用自动聚类功能。在下拉菜单“Cluster→Cluster Explorer”里，选择右侧列表中脚印所在的聚类，中间列表所显示的论文可视为一组前沿文献。

d）Synthesize>Generate a Narrative 中包括一些聚类 #3 中提到的文献。

**问题 21. 如何理解高频被引低中心度和低频被引高中心度的文献?**

被引频次和中心度是两种不同的度量。中心度是定义在网络结构上的。至于什么是关键文献或重要文献，取决于所要研究的问题。

**问题 22. “half-life”是什么意思?**

假设一篇文献或期刊被引 $N$ 次，达到第一个 $N/2$ 所用的时间即为 half-life。

### 10.2.4 关于可视化

**问题 23. 如何选择 CiteSpace Ⅱ 的各项参数，什么样的 CiteSpace 图谱才算好图谱呢?**

CiteSpace 的功能类似一架照相机，只是它拍摄的对象是科学文献而不是自然景色。设置 CiteSpace 的各项参数大致相当于取景、调焦、对光圈。不过这些过程在如今的相机中基本都已完全透明。所以，参数设置对 CiteSpace 所产生的图谱有直接影响。最初使用时，最简单的办法是先采用系统的预定参数；熟悉之后，再按下面提供的要点调整参数。

CiteSpace 的设计实际上是有针对性的。能满足 CiteSpace 设计要求的图谱才视为好图谱。CiteSpace 要展现的是一个领域的知识发展的历史和现状。这是 CiteSpace 的取景范围。由于深受库恩《科学革命的结构》的影响，对 CiteSpace 来说，焦点自然落在范式（paradigm）和范式转移（paradigm shift）。近年来大家倾向于这种认识：范式是一种更为广泛的现象，可以在各个层次上出现。换句话说，并非 50 年一遇或 100 年一遇。所以 CiteSpace 竭尽全力所要甄别、显示、突出的就是在广义的范式转移中起关键作用的转折点。与广义范式相对应的是科学文献中自然呈现的聚类。转折点便是联结不同聚类的桥梁。如果 CiteSpace 生成的图谱能清晰地显示出这些要素，这种图谱便属上乘之作。

有了这个目标以后，图谱如能显示两三个或更多的自然网络聚类，而且各聚类之间有少量的联系，便为最佳。这样的图谱很容易带来有趣的和有意义的发现。相反，如果图谱中所有节点都纠缠在一起，则很难理出头绪。如果碰到这种情况，检查下面几种原因：数据范围是否过窄，门槛设置是否过高

(threshold)，曝光时间是否过短（time slice）。另外，可用 CiteSpace 中的连接剔除功能（pruning）来剔除一些次要的连接以突出核心结构。成像以后，CiteSpace 可提供进一步的指标。比如，modularity 在 0.4～0.8 时的图谱通常会符合或接近上述要求。另外，如果可能从每年或每个时间段中选取数量大致相当的数据，会比每年都使用同样的门槛要更有效（相对上述目标而言）。

## 问题 24. 如何在 CiteSpaceⅡ中控制节点的取舍?

CiteSpace 提供了以下几种方式来控制最终生成的网络将由哪些节点构成：

a) Top N：系统设定 $N=30$，意为在每个 time slice 中提取 $N$ 个被引次数最高的文献。$N$ 越大生成的网络将相对更全面一些。

b) Top N%：将每个 time slice 中的被引文献按被引次数排序后，保留最高的 N%作为节点。

c) Threshold Interpolation：设定三个 time slices 的值，其余 time slices 的值由线性插值赋值。三组需要设置的 slices 为第一个，中间一个和最后一个 slice。每组中的三个值分别为 c，cc，和 ccv。c 为最低被引次数，只有满足这个条件的文献才能参加下面的运算。cc 为本 slice 内的共被引次数。ccv 为规范化以后的共被引次数（0～100）。

d) Select Citers：与以上方法不同的是这个方法先选施引文献，然后需再用方法 a）～c）之一。先 Check TC Distribution 然后填写 Use TC Filter 后面的两个数字，即最低和最高被引频次（time cited），选定 User TC Filter 前的选项。按 Continue，再设定方法 1，2，或 3。

第一种办法最简单，最适于初学阶段，所以目前版本将其放在首位，其余几种办法逐渐变得复杂。节点总数在 Progress Reports 中给出。节点总数越大需要的内存越多。

## 问题 25. 阈值（c，cc，ccv）的选择，是否会对节点的中心度值有影响?

会有影响。实际上，绝大多数的网络模型都会受到这类参数的影响，只是大部分条件下用户没有被给予选择的机会而已。这里必须强调的一点是：这是个探索性的分析过程，不要望“图”生义、想当然，而是要以图为线索找到确凿证据。

**问题 26. 在时间段的选择问题上，time slicing 为 2，选择 12 年和 13 年，数据处理过程有什么不同吗？（奇数年和偶数年的问题）**

12 年得到 6 个时间段；13 年 7 个。第 7 个的曝光时间为 1 年，而不是 2 年。

**问题 27. 在节点个数问题上，一般通过设置，最后多少节点是理想的？**

没有固定值。节点控制主要取决于网络结构是否能回答在比节点本身更高抽象层次上的一些问题。

**问题 28. 文献共引图谱中节点之间的距离能说明什么？同时如何显示节点之间的关联强度呢？**

距离本身什么也不说明，应该只以是否有连线为准。节点之间连线粗细与共被引次数成比例。可用下拉菜单“Display→Link Strengths：Show/Hide”显示连线的数值，如 1.0，0.3，0.5 等。其中，1.0 对应最粗的线。

**问题 29. 如何理解 CiteSpaceII 中得指标 modularity 和 silhouette？**

CiteSpace 依据网络结构和聚类的清晰度，提供了 modularity 和 silhouette 指标，即模块值（$Q$ 值）和平均轮廓值（$S$ 值）两个指标，它可以作为我们评判图谱绘制效果的一个依据。一般而言，$Q$ 值一般在区间 [0，1）内，$Q>0.3$ 就意味着划分出来的社团结构是显著的；当 $S$ 值在 0.7 时，聚类是高效率令人信服的，若在 0.5 以上，聚类一般认为是合理的，若 $S$ 值无穷大，则聚类个数通常为 1，这样选的网络可能太小，只代表一个研究主题。知识图谱的绘制需要选取不同的阈值多次绘制，依据 $Q$ 值和 $S$ 值选取较理想的图谱作为最终的结果。

CiteSpace 提供了“Advanced Clustering”功能，会给出几种聚类的选择，可以根据各种聚类组合的 modularity 和 silhouette 指标，更灵活地进行选择，也可以直接选聚类个数最多的组合。

参见 Chen C，Ibekwe-SanJuan F，Hou J. 2010. The structure and dynamics of co-citation clusters：a multiple-perspective co-citation analysis. Journal of the American Society for Information Science and Technology，61（7）：1386-1409.

**问题 30. 在 CiteSpace Ⅱ 中，如何对其中的同义词或者名词单复数进行合并？**

选择某一节点，右键点击“Primary Alias”，再选择另一节点，右键点击“Secondary Alias”。之后，在 project 的文件夹中会出现这个文件。直接按同样的格式编辑，加入你要合并的节点，primary 是要留的，secondary 是要替换的，以“Tab”分开。

**问题 31. CiteSpace 用的是哪一种中心性分析？**

CiteSpace 用的是中介中心性分析。

**问题 32. 为什么实现的图谱总是类似于散点图，不能形成比较规则的网络呢？**

三种可能：

a) 领域本身松散，没有核心问题。

b) 数据收集不合理，没有充分覆盖领域，反映不了实际结构。

c) Top *N* 太高。

**问题 33. 在 CiteSpace Ⅱ 中，“Article Labeling”和 Term Labeling 分别是指什么类别？**

是根据节点的类型而分。Term 仅针对“引用文献中的词/字（Term）”，在可视图谱中表现为方形节点，而 Article 针对“作者（Authors）”“被引文献(Cited References)”“机构（Institutions）”“国家（Countries）”“关键词（Keywords)”等，在可视图谱中表现为圆形节点。这两类节点在用户界面上是分开的。Term Labeling 和“Article Labeling”分别控制这两类节点的标签。

在参数设置“Network Configuration”下“Node Types”中 Terms 和 Noun Phrases 是从文字中由程序自动提取的，而 Keywords 是作者或索引人员人工给出的。

**问题 34. 聚类分析的时候，部分聚类名字相比其他聚类名字，其字体稍微淡一些，同时这类聚类在图中不显示成员、边界等，只有一个聚类名，但在 summary 中可以找到成员列单，这是为什么？还有一种聚类显示情况是出现聚类＃4 和聚类＃6，但没有聚类＃5，这意味着什么？**

这些聚类中成员之间的相似性相对较弱，但独立于其他聚类。淡一些的字体代表这里的信号比较“模糊”。解读时要考虑这点。聚类＃5 的浓度没有达到值得让你注意的程度，故在显示中只用很淡的颜色或者完全省略。

**问题 35. 聚类标签出现“＃1...”的情况意味着什么?**

“＃1...”意味着找不到合适的词作标签。可以试试用 Title 等其他部分取词作标签。

**问题 36. CiteSpace Ⅱ 可以按聚类号显示吗? 隐藏其他的?**

右键选一个聚类的成员，可以隐藏同一类中的其他成员。重复上面做法，直到只剩需要保留的聚类。

**问题 37. 在共引分析时，将一些不理想的节点 add to the exclusion?? list，后又想恢复，该如何操作?**

在 project 的文件夹中有个文本文件 citespace. exclusion，可以删掉这个文件，或编辑该文件。

**问题 38. 在做作者合作网络时，出来的可视化结果中，并不是所有作者的名字都显示，如果我想查看某位作者，请问该如何查询呢? 左侧显示了所有作者的名字，但是在图里找不到，此时该怎样做?**

a）图上方靠右有个小方框，可以用来查找：输入作者的名字，按回车键。如果图中有这个作者，则会显示，黑字蓝底。

b）也可反复选/不选左侧列表中的小方块，图中相对应的节点便会消失/出现，这样也能找到你要的作者。

**问题 39. 图中未显示的突现词在什么地方? 如果在可视化图中只显示突现节点，如何操作?**

在 project 文件夹的一个文件里，有图中未显示的突现词和突变率。文件名为：CitationBurstHistory. txt。选 Terms 为节点，网络生成后，点击“Citation Burst”，下拉菜单“View→Citation Burst History”，选择“Term”。

# 参 考 文 献

[1] Wouters P. 1999，The Citation Culture. Amsterdam：Doctoral Thesis-University of Amsterdam：5-9.

[2] Price D J D. The science of science//Goldsmith M，Mackay A L. 1964，The Science of Science. London：Souvenir Press.

[3] Chen C. CiteSpace Ⅱ：Detecting and visualizing emerging trends and transient patterns in scientific literature. 2006. Journal of the American Society for Information Science and Technology，57（3）：359-377.

[4] Garfield E. 1955. Citation indices for science. Science，(122)：109-110.

[5] 陈悦，刘则渊. 2005. 悄然想起的科学知识图谱. 科学学研究，23（2）：149-154.

[6] 陈悦，刘则渊. 2008. 科学知识图谱的发展历程. 科学学研究，26（3）：449-460.

[7] 刘则渊，陈悦，朱晓宇. 2013. 普赖斯对科学学理论的贡献——纪念科学计量学之父普赖斯逝世30周年. 科学学研究，31（12）：1761-1772.

[8] Granovetter M. 1973. The strength of weak ties. American Journal of Sociology，(5)：1360-1380.

[9] Burt R S. 1992. Structural Holes- The Social Structure of Competition. Boston：Harvard University Press.

[10] Chen C. 2004. Searching for intellectual turning points：progressive knowledge domain visualization. Proceedings of the National Academy of Sciences of the United States of America (PNAS)，101（1）：5303-5310.

[11] Chen C，Chen Y，Horowitz M，et al. 2009. Towards an explanatory and computational theory of scientific discovery. Journal of Informetrics，3（3）：191-209.

[12] Chen C, Hu Z, Liu S, et al. 2012. Emerging trends in regenerative medicine: a scientometric analysis in CiteSpace. Expert Opinions on Biological Therapy, 12 (5): 593-608.

[13] 武夷山. 2013. 做菜与科学计量学研究. 情报学报, 32 (10): 1.

[14] Chen C, Ibekwe-SanJuan F, Hou J. 2010. The structure and dynamics of co-citation clusters: a multiple-perspective co-citation analysis. Journal of the American Society for Information Science and Technology, 61 (7): 1386-1409.

[15] Chen C, Morris S. 2003. Visualizing evolving networks: minimum spanning trees versus pathfinder networks. Proceedings of IEEE Symposium on Information Visualization. Washington: IEEE Computer Society Press: 67-74.

[16] Chen C, Zhang J, Vogeley M S. 2009. Visual analysis of scientific discoveries and knowledge diffusion. Proceedings of the 12th International Conference on Scientometrics and Informetrics (ISSI 2009). Brazil: Rio de Janeiro: 874-885.

[17] 陈悦, 刘则渊. 2008. 科学知识图谱的发展历程. 科学学研究, 26 (3): 449-460.

[18] 侯剑华, 胡志刚. 2013. CiteSpace 软件应用研究的回顾与展望. 现代情报, 33 (4): 99-103.

[19] 胡泽文, 孙建军, 武夷山. 2013. 国内知识图谱应用研究综述. 图书情报工作, 57 (3): 131-137.

[20] 赵丹群. 2012. 基于 CiteSpace 的科学知识图谱绘制若干问题探讨. 情报理论与实践, 35 (10): 56-58.

# 常用词汇英汉对照

（按汉字首字的拼音排序）

| | |
|---|---|
| TF * IDF 加权算法 | (term frequency - inverse document frequency) |
| 标签视图 | (label view) |
| 布局 | (layout) |
| 大规模灭绝 | (mass extinction) |
| 底图 | (base map) |
| 动态 | (animated) |
| 对数似然率算法 | (log-likelihood rate) |
| 范式 | (paradigm) |
| 概念树 | (concept trees) |
| 共词分析 | (co-word analysis) |
| 共现分析 | (co-currence analysis) |
| 共引分析 | (co-citation analysis) |
| 互信息算法 | (mutual information) |
| 机构 | (institution) |
| 节点 | (note) |
| 结构洞 | (structual hole) |
| 静态 | (static) |
| 聚类浏览器 | (cluster explorer) |
| 聚类密度视图 | (cluster density view) |
| 科学发现 | (science discovery) |
| 科学革命 | (science revolution) |
| 科学计量学 | (scientometrics) |
| 科学学 | (science of science) |

| | |
|---|---|
| 科学域 | (scientific domain) |
| 科学知识图谱 | (mapping knowledge domains，MKD) |
| 恐怖主义 | (terrorism) |
| 连线 | (line) |
| 轮廓值（S 值） | (silhouette) |
| 密度视图 | (density view) |
| 模块值（Q 值） | (modularity measure) |
| 内置数据库 | (built-in database) |
| 耦合分析 | (coupling analysis) |
| 频次 | (frequency) |
| 奇异值分解 | (singular value decomposition，SVD) |
| 潜在语义分析 | (latent semantic analysis) |
| 散点视图 | (scatter view) |
| 熵 | (entropy) |
| 社会网络分析 | (social network analysis) |
| 时间分区 | (time slicing) |
| 时间切片抓拍 | (time-sliced snapshot) |
| 时间线视图 | (timeline view) |
| 时区视图 | (timezone view) |
| 双图叠加 | (dual-Map overlays) |
| 突变词 | (burst term) |
| 网络启动 | (webstart) |
| 谓语树 | (predicate trees) |
| 文献共被引 | (document cocited analysis，DCA) |
| 信息可视化 | (information analysis) |
| 信息觅食 | (information foraging) |
| 学科 | (category) |
| 寻径网络算法 | (pathfinder network scaling) |
| 研究前沿 | (research fronts) |
| 引文分析 | (citation analysis) |
| 引文突现 | (citation burst) |

| | |
|---|---|
| 引用历史 | (citation history) |
| 鱼眼视图 | (fish-eye view) |
| 再生医学 | (regenative medicine) |
| 知识基础 | (intellectual base) |
| 知识转折点 | (intellectual turning point) |
| 中介中心性 | (betweenness centrality) |
| 最小生成树 | (minimum spanning tree，MST) |
| 作者共被引 | (author cocited analysis，ACA) |
| 作者合作分析 | (co-author analysis) |

# 致　　谢

时光飞逝，成书在即，才恍然意识到本书的写作实际启动于2009年夏秋之际。期间屡次易稿，大纲改了又改，文体也变了又变，整体进展虽然较慢，但今日看来，一切似乎都在等待瓜熟蒂落、水到渠成。

这五年，我们以科学知识图谱为基本方法，以CiteSpace为主要技术手段，共产生硕士、博士学位论文近20篇，在国内外发表学术论文百余篇。大量的研究深化了我们对引文分析和科学知识图谱的理解，与此同时，CiteSpace工具本身也在不断升级完善。我们不仅在大连理工大学校内为研究生开设了相关的公共课与专业课，还举办了面向全国广大科技工作者的三届“科学知识图谱与科学计量学方法与应用”高级讲习班，极大地推动了国内科学计量与科学知识图谱的发展。目前，国内应用CiteSpace公开发表的研究论文已经达到近600篇，广泛分布于图书情报学、管理学、教育学及社会学等领域。

但是，我们也注意到，这些基于CiteSpace的应用研究在图谱的科学性、美观性和可读性等方面尚存不足。陈超美的科学网博客每天都能收到来自各个领域的研究学者提出的关于CiteSpace的各种问题，两个用于CiteSpace学习交流的QQ讨论群也非常活跃。这些都表现出国内学者对于深入理解引文空间基本原理和掌握CiteSpace使用方法有着迫切需求。

正所谓慢工出细活，经过五年时间的打磨，今日我们呈现给读者的，是一本专门针对信息可视化工具——CiteSpace的书籍。本书兼顾理论与实践，既有信息可视化的理论深度，又有科学知识图谱的应用范例，还包括CiteSpace具体的操作步骤及常见问题解答。因而，对于初学入门者和高级进阶者来说，这都是一本实用的CiteSpace学术参考书。

本书是大连理工大学长江学者创新团队的又一项集体研究成果，有很多博士生和硕士生的智慧和汗水凝结其中。侯剑华拟定了本书的第一稿大纲，并完成了“初级启动”部分的主要内容；林德明承担了关于“算法”及“功能操作”

的部分写作；刘盛博承担了“数据处理”及“常见问题”的部分写作；高继平、张立伟和朱晓宇也参与了书中部分资料的整理工作。我们在此对他们的工作一一表示感谢。此外，我们尤其要感谢大连理工大学 WISE 实验室的灵魂导师刘则渊教授，是他的支持、鼓励、指导和督促，让我们在教学任务繁重、科学研究不能停步、CiteSpace 工具不断更新、翻译陈超美两本科学知识图谱著作等工作同时并进的情况下，得以完成这一艰巨而持久的写作历程。最后，还要感谢科学出版社的邹聪编辑和王酉艳编辑，她们为本书的顺利出版给予了极大的热情和付出。

现实是此岸，理想是彼岸，由此及彼的唯一办法就是行动。信息可视化的探索永无止境，能够参与其中我们深感荣幸。在未来的研究路途中，我们欢迎您与我们相伴同行。

陈悦　陈超美　胡志刚　王贤文

2014 年 7 月 2 日